格林尼治天文台宇宙之书

夜空的奥秘

[英] 拉曼 · 普林贾◎著　[英] 扬 · 别莱茨基◎绘
陈冬妮◎译　刘茜◎审订

童趣出版有限公司编译　人民邮电出版社出版
北　京

图书在版编目（CIP）数据

夜空的奥秘 / （英）拉曼•普林贾著 ；（英）扬•别莱茨基绘 ；童趣出版有限公司编译 ；陈冬妮译. -- 北京 ：人民邮电出版社，2024.2
（格林尼治天文台宇宙之书）
ISBN 978-7-115-63258-6

Ⅰ. ①夜… Ⅱ. ①拉… ②扬… ③童… ④陈… Ⅲ. ①天文学－少儿读物 Ⅳ. ①P1-49

中国国家版本馆CIP数据核字(2023)第219510号

著作权合同登记号 图字：01-2023-5118

著　　：[英] 拉曼 · 普林贾
绘　　：[英] 扬 · 别莱茨基
译　　：陈冬妮
审　订：刘　茜
责任编辑：魏　允
责任印制：李晓敏
封面设计：段　芳
排版制作：陈　陶

编　译：童趣出版有限公司
出　版：人民邮电出版社
地　址：北京市丰台区成寿寺路11号邮电出版大厦（100164）
网　址：www.childrenfun.com.cn

读者热线：010-81054177
经销电话：010-81054120

印　刷：北京华联印刷有限公司
开　本：889×1194　1/16
印　张：4
字　数：110千字
版　次：2024年2月第1版　2024年2月第1次印刷
书　号：ISBN 978-7-115-63258-6
定　价：58.00元

目　录

为什么要探索夜空？

从20世纪开始，人类才能够近距离探测太空，这要感谢先进的计算机和航天器技术。在望远镜发明之前，人们能做的只是仰望夜空，试图辨认头上的点点星光，人类对宇宙的理解都以此为基础。

我们的祖先惊叹于宇宙所呈现的林林总总的瑰宝——明亮闪烁的光点、遥远模糊的光斑、大气中彩色的光帘、横跨天空的弧形云带……这些早期的夜空守望者虽不能触及他们之所见，但好奇之心引领着他们不断深入探索。

天文学不仅加深了我们对宇宙组成和运动的理解，更重要的是，它使得我们能够反观自己的星球，原来地球只是无尽宇宙中的沧海一粟。随着天文学和太空探索技术的发展，我们人类发现了很多宇宙的秘密。然而广袤的宇宙中仍有太多未知存在，这些还需要我们继续探索。

天文学是启发人类灵感和科学探索的永不停息的源泉，应该让所有人都有机会了解天文学，这也是天文学家拉曼·普林贾多年以来所倡导的。格林尼治天文台一直致力于向人们传播天文学，无论对方年长年少，我们都希望能帮助他或她燃起埋藏在自己内心深处的求知之火。

我们十分荣幸能够与拉曼·普林贾合作出版这本精美的图书，我们共同的目标之一就是让年轻人对宇宙有更多的理解。300多年来，格林尼治天文台一直在天文和航海史中扮演至关重要的角色，再加上拉曼个人对天文学的贡献，我们非常高兴能够与他一道鼓舞下一代。

达拉·佩特尔

格林尼治天文台天文教育资深经理

为夜观星空做好准备

夜空是令人着迷的美丽所在，等待着我们去探寻。哪怕只是用肉眼去观看，宇宙中也有无尽的奇观。

这本书将带着你遇见众多的恒星、行星、卫星和彗星。在探寻的过程中，你会慢慢理解它们究竟是什么，又位于宇宙何处。别忘了，夜观星空最重要的就是体验其中的乐趣！

让我们从做好观星准备开始吧！

黑暗的高地

外出夜观星空，要选择黑暗的地方，远离街灯和建筑物灯光（也就是“光污染”）。为了尽可能看清夜空，还要选择地势较高的地方，例如开阔的公园或山顶。无论何时都要确保自己是安全的，而且有可以信任的成年人陪同。

让双眼适应一下黑暗

我们的眼睛并不习惯在黑暗的环境中看东西。至少需要 30 分钟，眼睛才能完全适应黑暗，识别夜空中暗弱的恒星。如果你在观星过程中需要一点光亮看清楚东西，一定要用蒙着红色玻璃纸的手电筒。与蓝光或白光不同，红光不会让眼睛处于眩光的环境中。

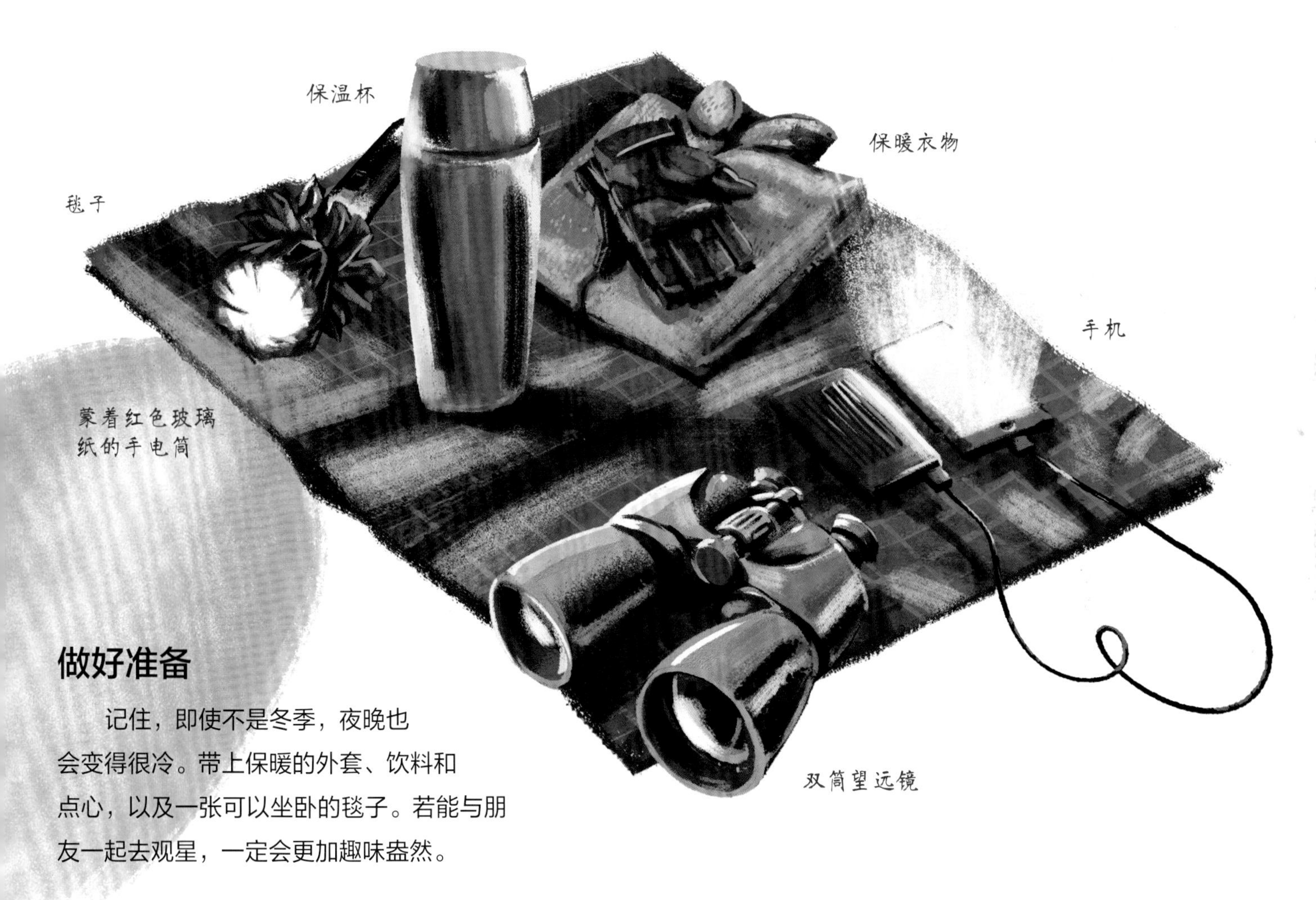

做好准备

记住，即使不是冬季，夜晚也会变得很冷。带上保暖的外套、饮料和点心，以及一张可以坐卧的毯子。若能与朋友一起去观星，一定会更加趣味盎然。

想看得更清楚?

如果你想更清楚地观测行星，或者是月球上的环形山，首选工具是双筒望远镜。比起精密昂贵的天文望远镜来说，双筒望远镜的价格低，也易于携带。有很多好用的手机应用软件和星表可以帮你在所处的地理位置识别点点繁星。使用电子设备时，记得选择红光模式或夜间模式。

要有耐心

夜观星空需要耐心和冷静。天空可能忽然变得阴云密布，甚至下起雨来，你的观星计划就泡汤了！像流星那样的观测目标可能需要你等待几个小时之后才会现身，而且当终于有一颗流星划过夜空时，你可能还刚好错过了。观星的大部分时间里，你都在忙着寻找夜空里又小又暗的目标，那就把它想象为星际寻宝吧。

探索恒星

形形色色的恒星

在任何一个清朗的夜晚，你抬头一般都会看到星星。你肉眼能看到多少恒星，取决于你生活在夜晚明亮的城市还是夜晚黑暗的乡村。

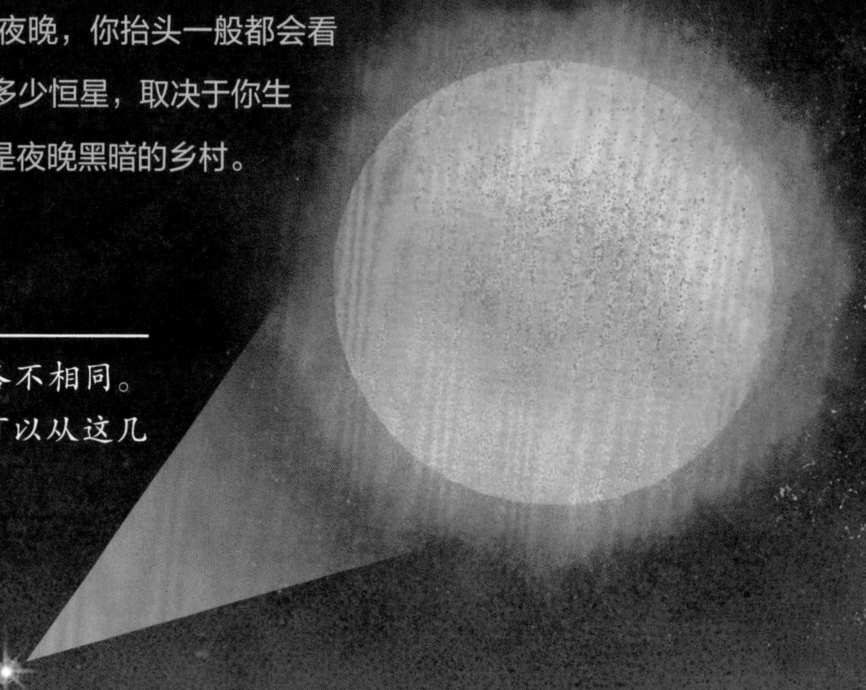

恒星彼此各不相同。观星时，我们可以从这几点去观察恒星。

看颜色

仔细观察，你能够发现恒星的颜色是不同的，有些是橘红色，而另一些则是蓝白或黄白色。

天文学家小课堂

恒星之所以拥有不同的颜色，是因为它们的表面温度不同。蓝白色恒星的表面温度比黄白色恒星的高，而橘红色恒星的表面温度则要比黄白色恒星的低。

看亮度

另一项需要注意的是，恒星并非同样明亮。有些恒星非常暗，而另一些则明亮得多。

天文学家小课堂

有些恒星看起来更暗，可能因为它们比其他恒星离我们更远；有些恒星看起来更明亮，可能因为它们体积更大，因此其能量比更小更冷的恒星更强大。

看光点

注意到了吗？夜空里所有恒星看起来都好像针孔那么小，然而这些微小的、闪耀的“宝石”，每一颗都是硕大、炽热的发光气体球！

天文学家小课堂

恒星的大小差异很大，已知最小恒星的半径只有太阳的$\frac{1}{10}$，已知最大恒星的半径可达太阳的 2000 倍。不过，这些庞然大物在夜空中看起来都是极小的光点，因为它们离我们太远了。

除太阳外，离我们最近的恒星是比邻星，它与地球的距离约是从地球到太阳距离的 270000 倍。

在清朗暗黑的夜晚，仰望星空，仅凭肉眼就可以看到远在 15 亿亿千米之外的恒星！

北半球星座

星座是由一群恒星组成的，看起来呈现某种形状，就好似天空中星星的连线图一样！大多数的现行星座是几千年前的古希腊和古罗马的诗人、农民、天文学家等想象出来的，这些星座描绘了神话故事中的神、神奇的动物……

现在，国际天文学联合会已经确定了夜空的 88 个星座。如果你认识这些星座，它们会帮助你找到自己探索夜空的路径。这里介绍几个在北半球（地球赤道以北的地区）最容易辨识的星座。

大熊座

大熊座是最知名的星座之一。要找到它，我们要在每年 1 月到 3 月晚上 8 点左右面向东北方。

小熊座

找到北极星就可以看到小熊座了。沿着北斗七星斗口两颗星星的连线，你就可以找到北极星。北极星就是小熊座最亮的恒星。

仙后座

从4月到6月，大约晚上10点以后，在北方夜空可以找到一个W形的星座，那就是仙后座，它由5颗亮星组成。

在古希腊神话中，王后卡西俄珀亚因为太自负而被束缚在自己的王座上。

哑铃星云

你在夜空中看到的恒星，其年龄是不同的。有些是刚刚诞生的新星，而另一些则可能处在其生命周期（长达几十亿年）的半途。哑铃星云，又称M27，就是一团尘埃气体云，由一颗至少在3000年前死亡的恒星喷发产生。

找到夏夜大三角，就能发现哑铃星云。北半球夏季夜空的天顶上高悬着3颗明亮的恒星——织女星、天津四和牛郎星，它们组成了夏夜大三角，哑铃星云大概位于从牛郎星到天津四连线的$\frac{1}{3}$处。

在双筒望远镜里，哑铃星云看起来是一片模糊的小光斑。

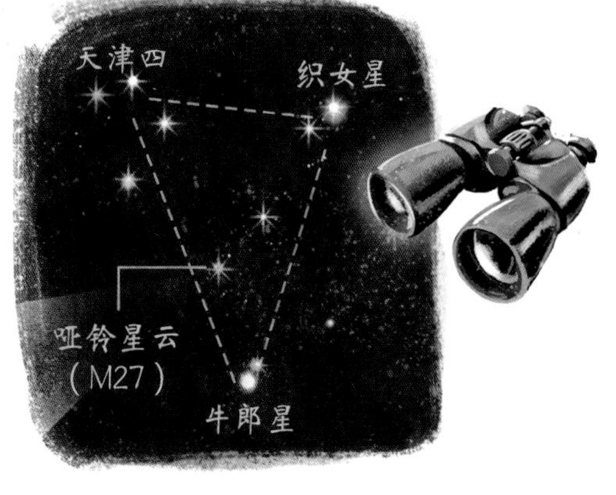

通过小口径望远镜，你可以观测到哑铃星云的形状和颜色。尝试寻找它的双瓣结构，那是它得名“哑铃”的原因。

用功能强大的望远镜（如哈勃空间望远镜或者天文学家在地面上使用的口径8米的望远镜），哑铃星云美丽的细节就可以彻底呈现出来。这个令人惊叹的天体距离我们超过1200光年。

近观猎户座

让我们仔细看看北半球最壮观的冬季星座之一——猎户座，它有着很多惊艳的细节。

在古希腊神话中，俄里翁是个天才猎人。他向众神吹嘘自己能够猎尽世上所有动物。

参宿四

参宿四（shēnxiùsì）也称为猎户座 α，是猎户座第二亮星，代表猎人的右肩。它是一颗红超巨星，这颗巨大的恒星的直径至少是太阳的 760 倍。天文学家认为参宿四最终将以超新星爆发的方式到达生命的尽头。

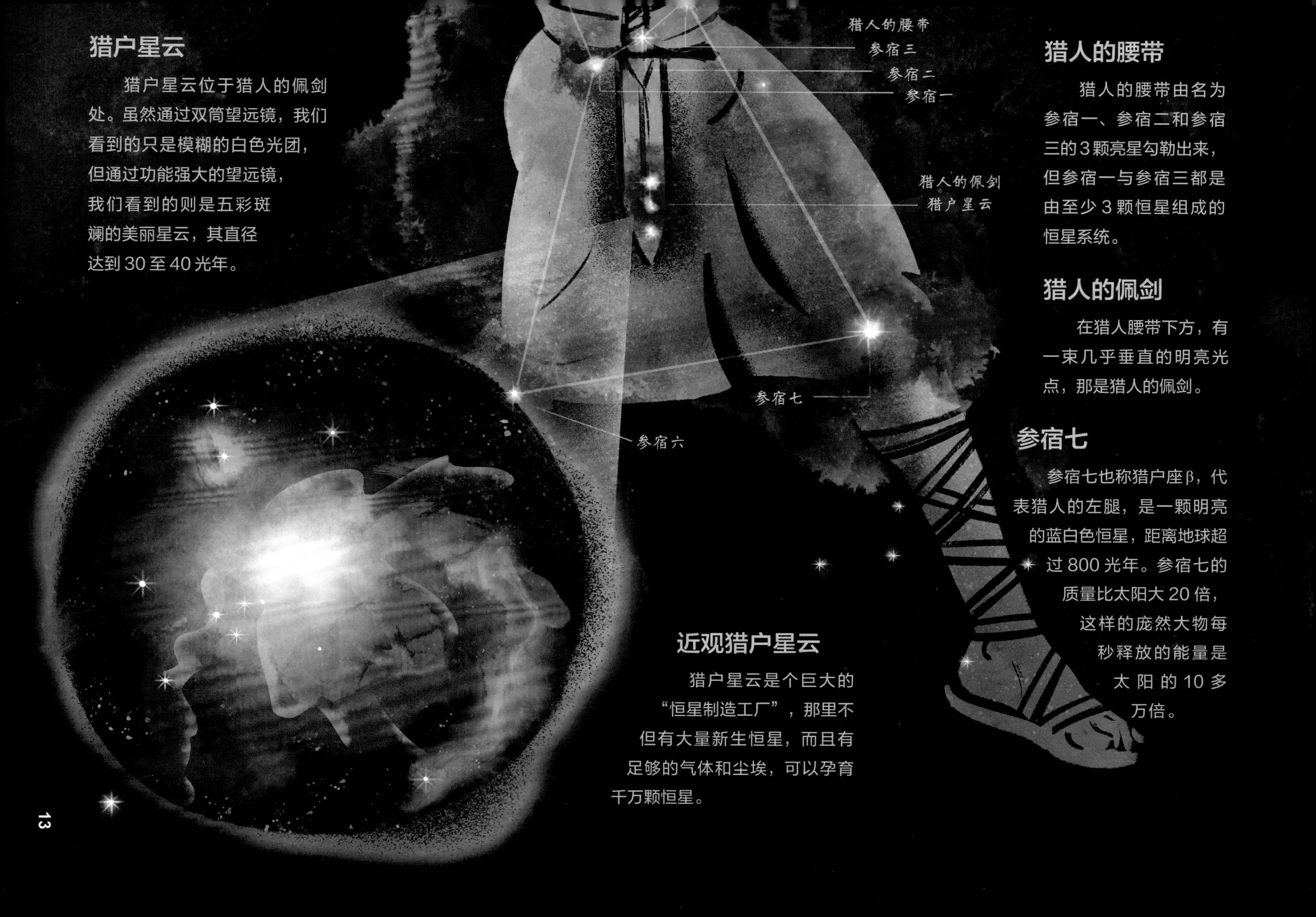

猎户星云

猎户星云位于猎人的佩剑处。虽然通过双筒望远镜，我们看到的只是模糊的白色光团，但通过功能强大的望远镜，我们看到的则是五彩斑斓的美丽星云，其直径达到30至40光年。

猎人的腰带
参宿三
参宿二
参宿一
猎人的佩剑
猎户星云
参宿七
参宿六

猎人的腰带

猎人的腰带由名为参宿一、参宿二和参宿三的3颗亮星勾勒出来，但参宿一与参宿三都是由至少3颗恒星组成的恒星系统。

猎人的佩剑

在猎人腰带下方，有一束几乎垂直的明亮光点，那是猎人的佩剑。

参宿七

参宿七也称猎户座β，代表猎人的左腿，是一颗明亮的蓝白色恒星，距离地球超过800光年。参宿七的质量比太阳大20倍，这样的庞然大物每秒释放的能量是太阳的10多万倍。

近观猎户星云

猎户星云是个巨大的“恒星制造工厂”，那里不但有大量新生恒星，而且有足够的气体和尘埃，可以孕育千万颗恒星。

南半球星座

如果你住在地球赤道以南，那么你就位于南半球，可以观赏到部分美得令人屏息的星座。这里列举一些在南半球可以看到的星座。

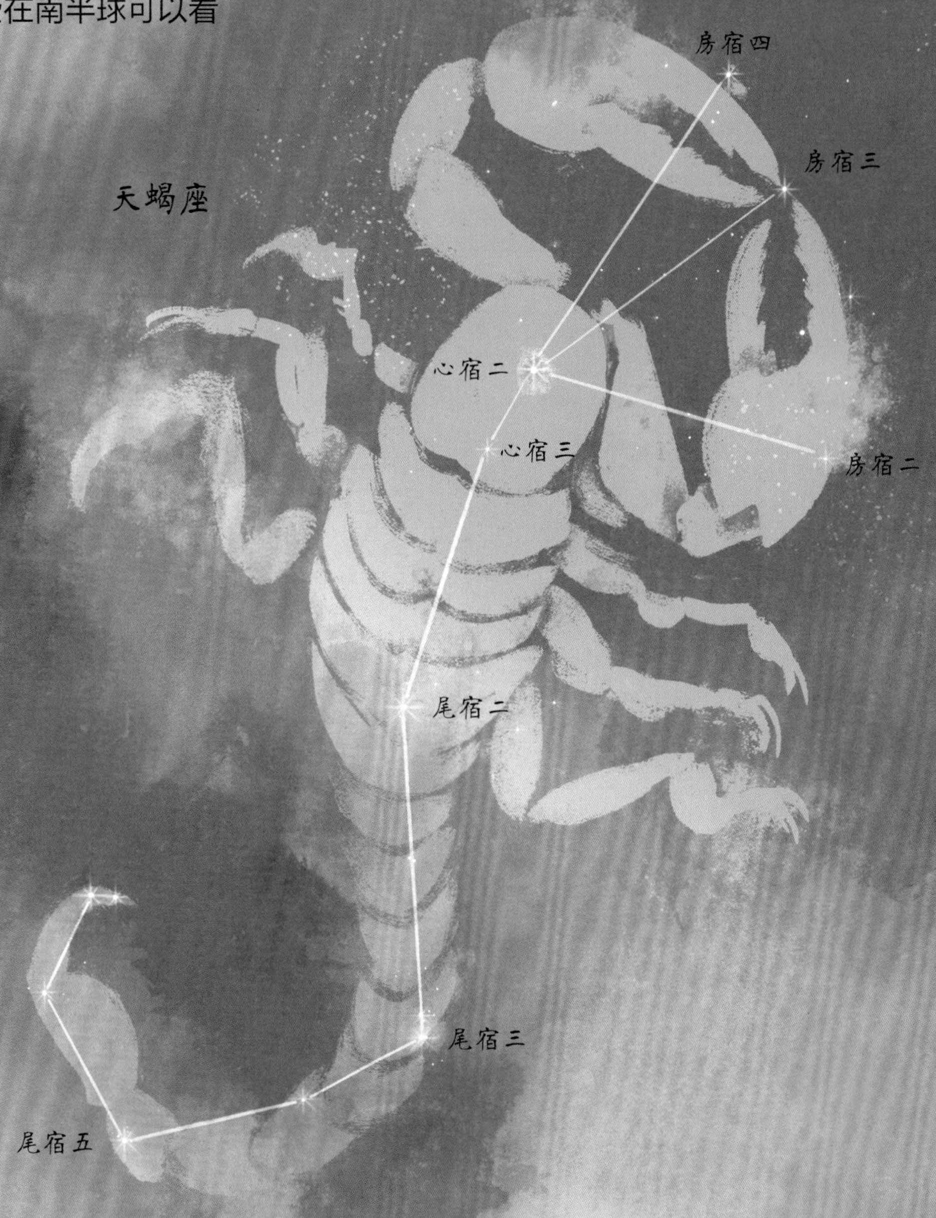

天蝎座

从3月到10月，在南半球的南方夜空中，你都可以看到明亮巨大的天蝎座（在拉丁语中意为蝎子）。天蝎座的最亮星名为心宿二，它是一颗红超巨星，直径比太阳大得多。

在古希腊神话中，猎人俄里翁（猎户座）吹嘘自己的能力，并要杀光世上所有动物，蝎子（天蝎座）就被派去除掉俄里翁。

半人马座

半人马座是南半球夜空中最大的星座之一，在古希腊神话中，它代表一种半人半马的生物。从 3 月到 7 月中旬，在南方夜空中都可以清晰地看到半人马座。半人马座内有全天最亮的 15 颗恒星中的两颗——半人马座α和半人马座β。

半人马座ω是一个由千万颗恒星集合而成的明亮天体，称为球状星团。这个球状星团距离地球大约 16000 光年，大量恒星紧密地聚集在一起，其中最老的恒星已超过 120 亿年。

除太阳外，距离地球最近的恒星是比邻星，它位于半人马座的两“前蹄”之间。

南十字座是全天最小的星座，4 颗亮星呈十字形排列，位于半人马座的“前腿”和“后腿”之间。

南十字座

在南半球，几乎全年都很容易在夜空中看到南十字座。南十字座在很多国家都非常有名，澳大利亚、新西兰、巴西和萨摩亚等国的国旗上都有南十字座。

近观船底座

船底座是南半球星座之一，有很多亮星。银河系模糊的一段刚好穿过船底座。

让我们近距离看看这个大星座的精彩之处。

老人星

老人星是船底座的最亮星，也是全天第二亮星。老人星的光度比太阳强约 15000 倍，它距离地球超过 300 光年。

南船五

南船五是船底座第二亮星，距离地球约 110 光年。这颗巨星已经膨胀到直径为太阳的约 6.5 倍，质量是太阳的约 3.5 倍。

船底星云

这个直径达到 300 光年的气体尘埃云是新生恒星的温床。船底星云比前面提到的猎户星云大得多，距离也更远，远在约 7500 光年处，一些已知的质量超大的恒星都是在那里诞生的。天文学家正在使用功能强大的望远镜，来研究这些处于生命周期最早期的迷人恒星。

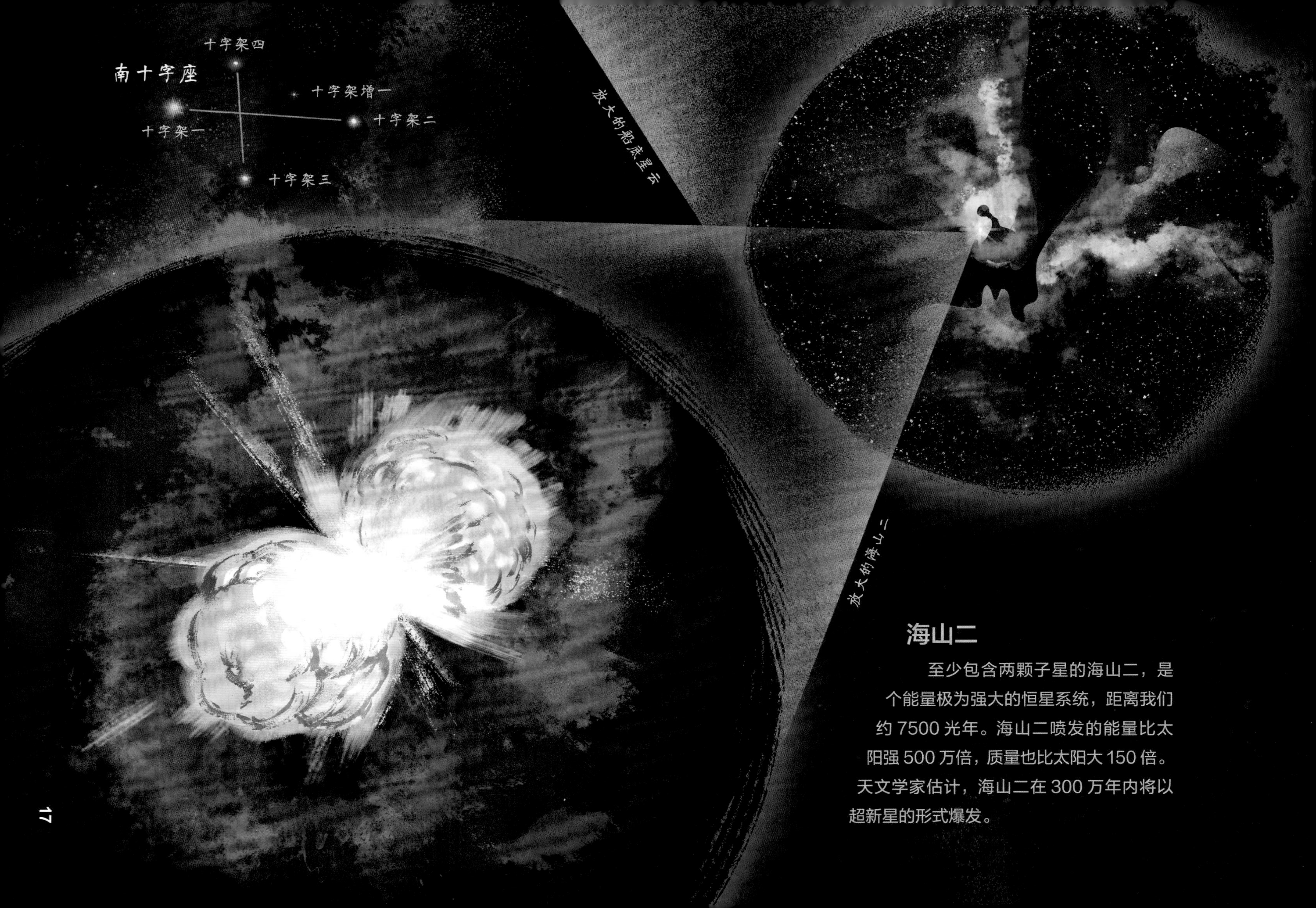

海山二

至少包含两颗子星的海山二，是个能量极为强大的恒星系统，距离我们约 7500 光年。海山二喷发的能量比太阳强 500 万倍，质量也比太阳大 150 倍。天文学家估计，海山二在 300 万年内将以超新星的形式爆发。

天文加油站
恒星的生命周期

夜空中能看到的恒星并不会永远存在，每颗恒星都有自己的生命周期，它们从生到死要经过数百万、数十亿甚至数万亿年的漫长时间。

恒星能够发光，是因为恒星的核心深处进行着核聚变反应，能够提供能量。主要的核聚变反应是氢聚变为氦，这个反应会释放出巨大的能量。

当全部的核聚变反应完成后，能量耗尽，恒星就开始步入死亡。濒死的恒星会因自身引力作用而坍缩。

像太阳这样的恒星属于小质量恒星。我们的太阳大约46亿岁，它的核聚变燃料还能维持大约50亿年。当燃料耗尽时，太阳的外层会开始膨胀，它将变为一颗红巨星。

最终，太阳的外层将被抛出，形成名为行星状星云的漂亮的天体。引力会持续作用在太阳剩余的物质上，直到把太阳挤压为一个与地球大小相当的致密天体，称为白矮星。这颗死亡的恒星会继续缓慢地冷却，直至无法被看到。

有些恒星诞生时质量远大于太阳，它们就是大质量恒星。这些庞然大物的寿命比太阳短，在几百万年的时间里就演化至激烈能量爆发的终点。

当大质量恒星耗尽核聚变反应燃料时，它们会以超强的超新星爆发的形式自我毁灭。恒星的外层被抛射至深空，引力则把核心处剩余的物质压缩。剩余的物质可能形成超级致密的中子星，直径只有大约 20 千米。然而剩余物质也有可能会被恒星自身的引力吞噬，以恒星级黑洞的形式结束生命。

一颗恒星将经历怎样的生命历程，主要取决于它在星云中诞生时的质量。

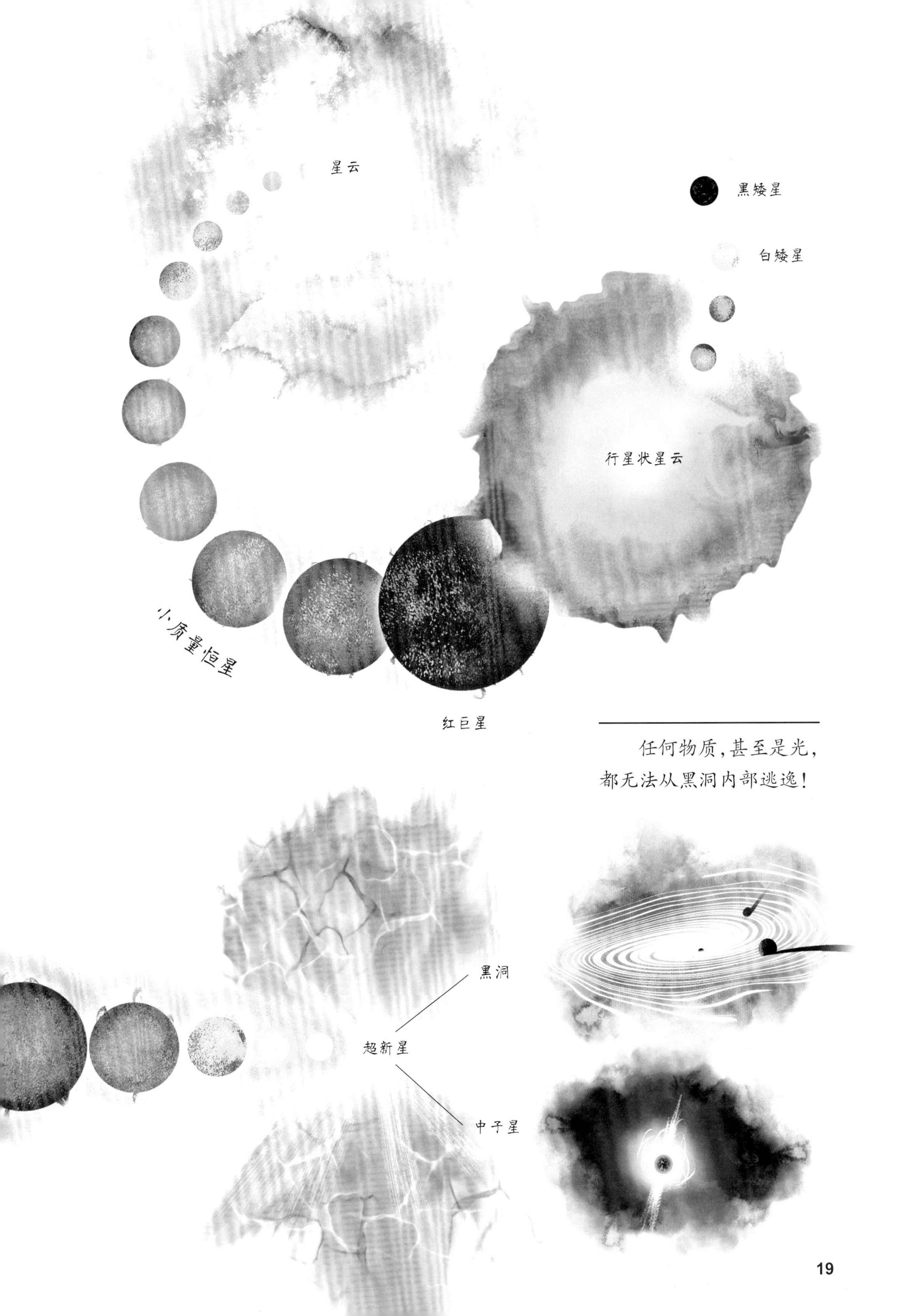

任何物质，甚至是光，都无法从黑洞内部逃逸！

探索行星
辨识行星

行星堪称夜空中的奇迹。在每年不同的时间，你都会看到5颗最亮的行星——水星、金星、火星、木星和土星在夜空里徘徊。

在星座和手机应用软件的引导下，你可以找到一年中能够看到行星的那部分夜空。

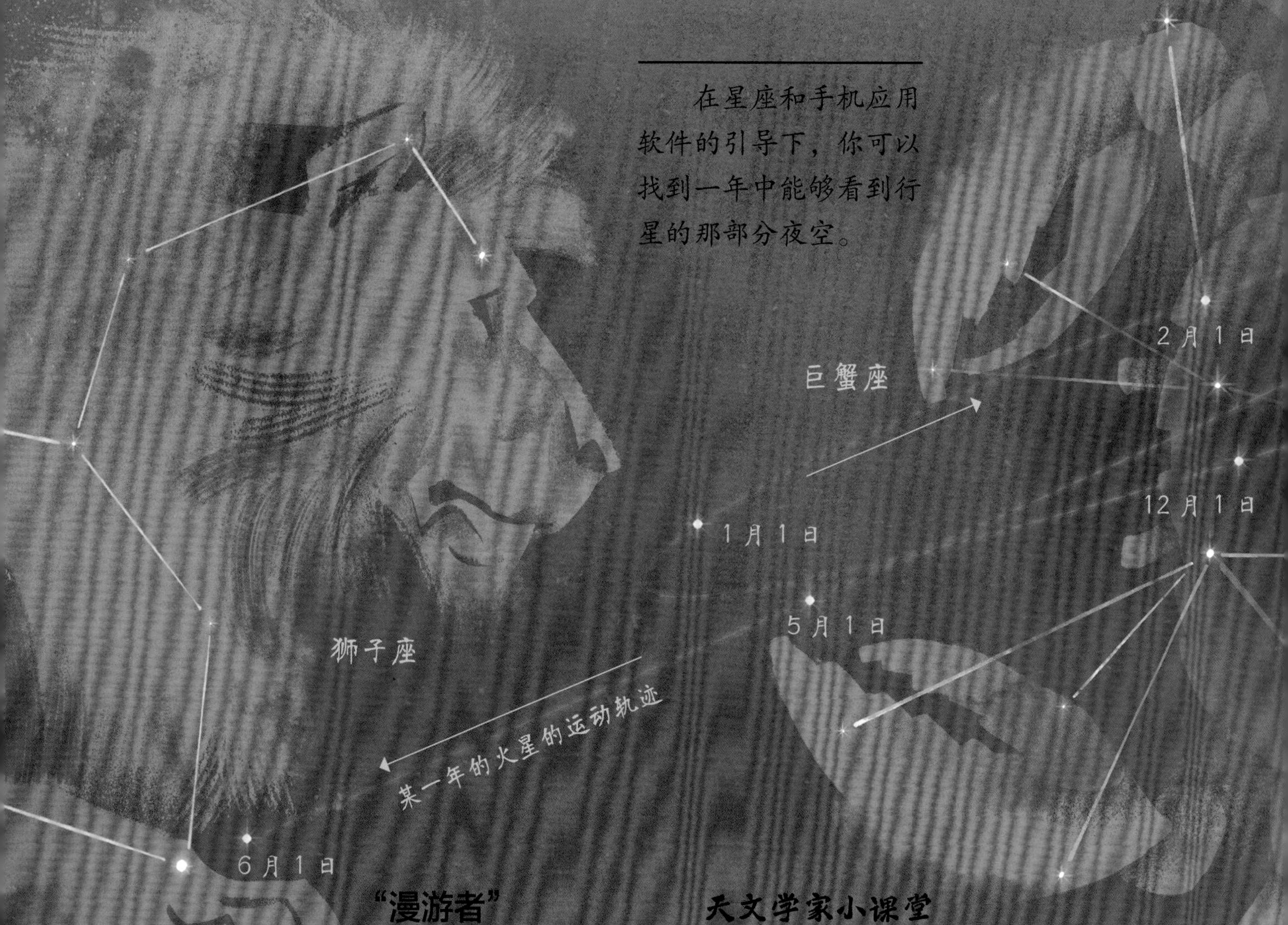

巨蟹座

2月1日

12月1日

1月1日

5月1日

狮子座

某一年的火星的运动轨迹

6月1日

“漫游者”

当你夜复一夜地观察夜空时，会发现恒星彼此间的位置似乎是恒定的。它们好似被喷涂在黑色墨布背景的夜空里。而行星则在固定的恒星背景前运动，每晚的位置都不同。一个月的时间里，一颗行星的位置甚至会从一个星座上变化到另一个星座上。

天文学家小课堂

相对于恒星，行星看起来会在夜空中漫游，是由于投影效应。这是因为地球和其他行星都在各自的轨道上运动，因此从地球上看行星的位置，它们就会表现为在非常遥远的恒星背景上，随着时间流逝不断发生位置变化。

行星的星光会闪烁吗?

行星发出的光看起来很稳定，并不像恒星那样闪烁。

天文学家小课堂

相对于行星来说，除太阳外的其他恒星距离地球都非常非常远。遥远的小如针尖的恒星发出的光，很容易受到地球大气层内运动气流的干扰而抖动，因此我们看到的恒星都一闪一闪的。

距离更近的行星发出的光，在夜空中呈现为小小的盘状，来自盘状光源的光束较宽，也更加稳定。

行星风采

下面我们来看看夜空中最亮的 5 颗行星各有哪些迷人之处。别忘了，你能借助双筒望远镜或者小口径望远镜看到更多的细节，例如行星的颜色、卫星和环系。

木 星

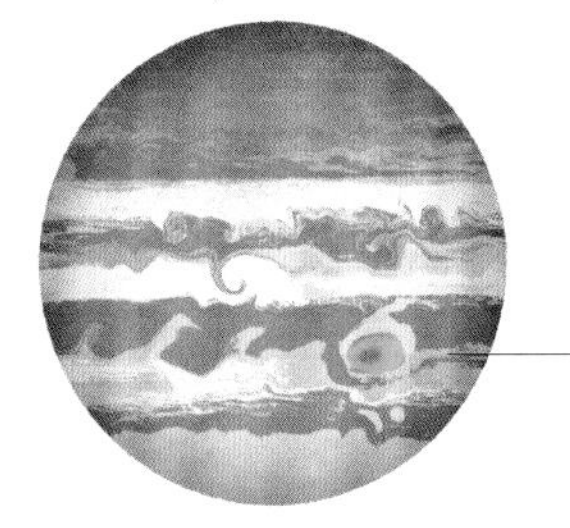

木星，行星之王，令人神往。用小口径望远镜就可以看到它很多壮观的结构。

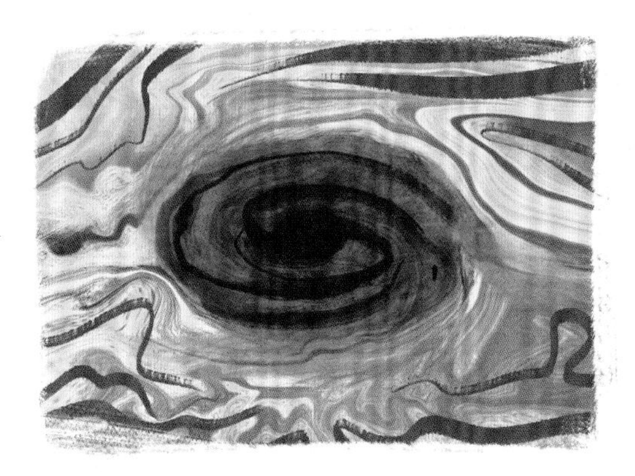

寻找环绕木星的两三个条纹，它们是木星非常活跃的大气层中的大型云带。使用更大口径的望远镜还能看到木星的大红斑——一个巨大的旋转的飓风系统，已经存在 300 多年了！

试试看你能否在木星旁边找到一串像恒星一样细微的光斑，这些是木星最大的 4 颗卫星，名为木卫一、木卫二、木卫三和木卫四。经过几夜的观测，你会发现它们的位置发生了变化，那是因为它们都围绕这颗硕大的行星运动。

木星的 4 颗卫星在围绕木星的轨道上运动。

木卫一

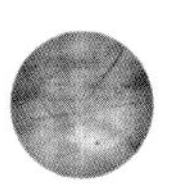

木卫二

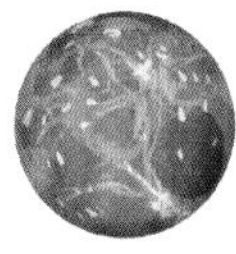

木卫三

木卫四

水 星

水星是太阳系最内侧的行星，在天空中从不会离太阳太远。

水星表面

为了保护眼睛，我们只能在日落后（西方）或日出前（东方）观测水星。水星好似一颗暗淡模糊的恒星，很难辨认。地球的赤道直径有约 12756 千米，而水星的赤道直径却只有约 4879 千米。

土星

土卫六

土星环

大型望远镜能够帮你找到土星环中最大的缝隙，以及最大的卫星土卫六。

淡金色的土星是夜空里令人难以忘怀的奇观，用小口径望远镜就能看到土星宏伟的环系。

从地球上看，土星环倾斜的角度一直在变。经过漫长的岁月，土星环逐渐从侧向（我们刚刚能够看到环）转为正向（我们能清晰地看见这个令人震撼的环）。当宽阔的土星环正面朝向我们时，土星看起来更加明亮。土星环的主环系宽度刚好与地球到月球之间的距离相当！

金星

与月球一样，金星也经历着从新月到弦月的不同相位，这取决于金星与地球在各自围绕太阳运动轨道上的位置。用小口径望远镜很容易就能看到金星的不同相位。

金星是夜空中最明亮的行星。在金星最亮的时候，甚至有人将其误报为 UFO（不明飞行物）！

你不可能看到金星真正的地表，因为金星表面密布的浓厚的硫酸云将地表完全遮蔽。

火星

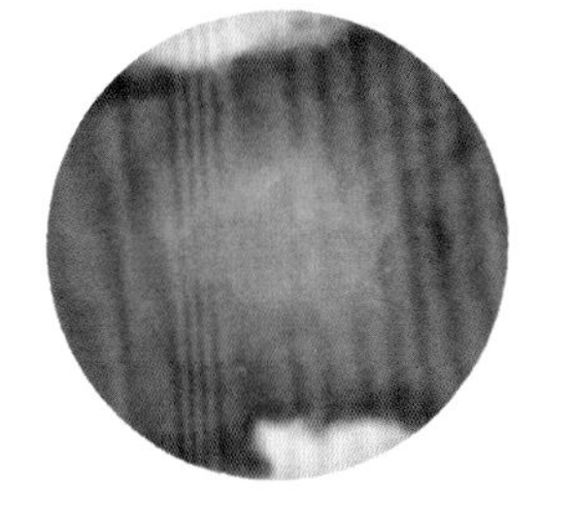

用一架 7 厘米口径的望远镜，有时你能够看到火星白色的冰质极冠。只有用更大口径的望远镜才能看到火星的两颗小卫星——火卫一和火卫二。

火星（Mars）因拥有醒目的橙红色，人们便以古罗马战神的名字 Mars 命名。火星独特的颜色源于其土壤中含有的氧化铁颗粒。

天文加油站
太阳系之旅

大约46亿年前，太阳系从一团巨大的旋转的尘埃气体云中形成。它由1颗恒星（太阳）、8颗行星、至少5颗矮行星、200多颗卫星，以及数十亿颗彗星和小行星那样的小天体构成。

太阳系有2颗气态巨行星和2颗冰质巨行星。木星和土星是气态巨行星，天王星和海王星是冰质巨行星。这4颗行星没有任何岩质表面。其中，庞大的木星能够“吞”下1300多颗地球。

海王星

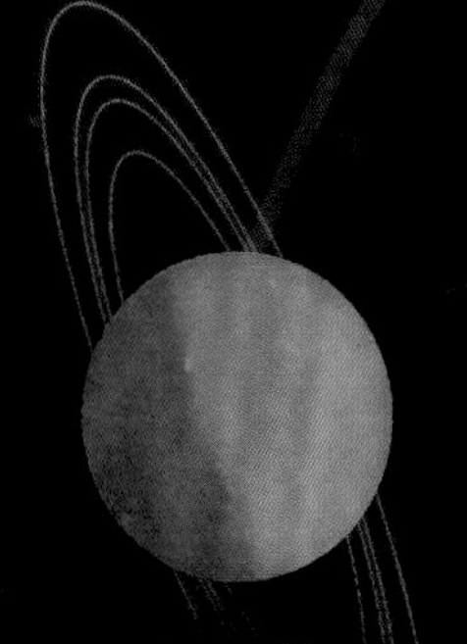

木 星

气态巨行星和冰质巨行星都拥有环系，其中土星的环系是最大最亮的，而木星、天王星和海王星的环系就小且暗淡。科学家必须使用空间探测器和宇宙飞船，才能发现这些小得多的环系。

在4颗岩质行星中，火星有2颗卫星，地球有1颗。而气态巨行星和冰质巨行星则总共拥有至少200颗卫星。木星已知的92颗卫星中，最大的木卫三甚至比水星还大。

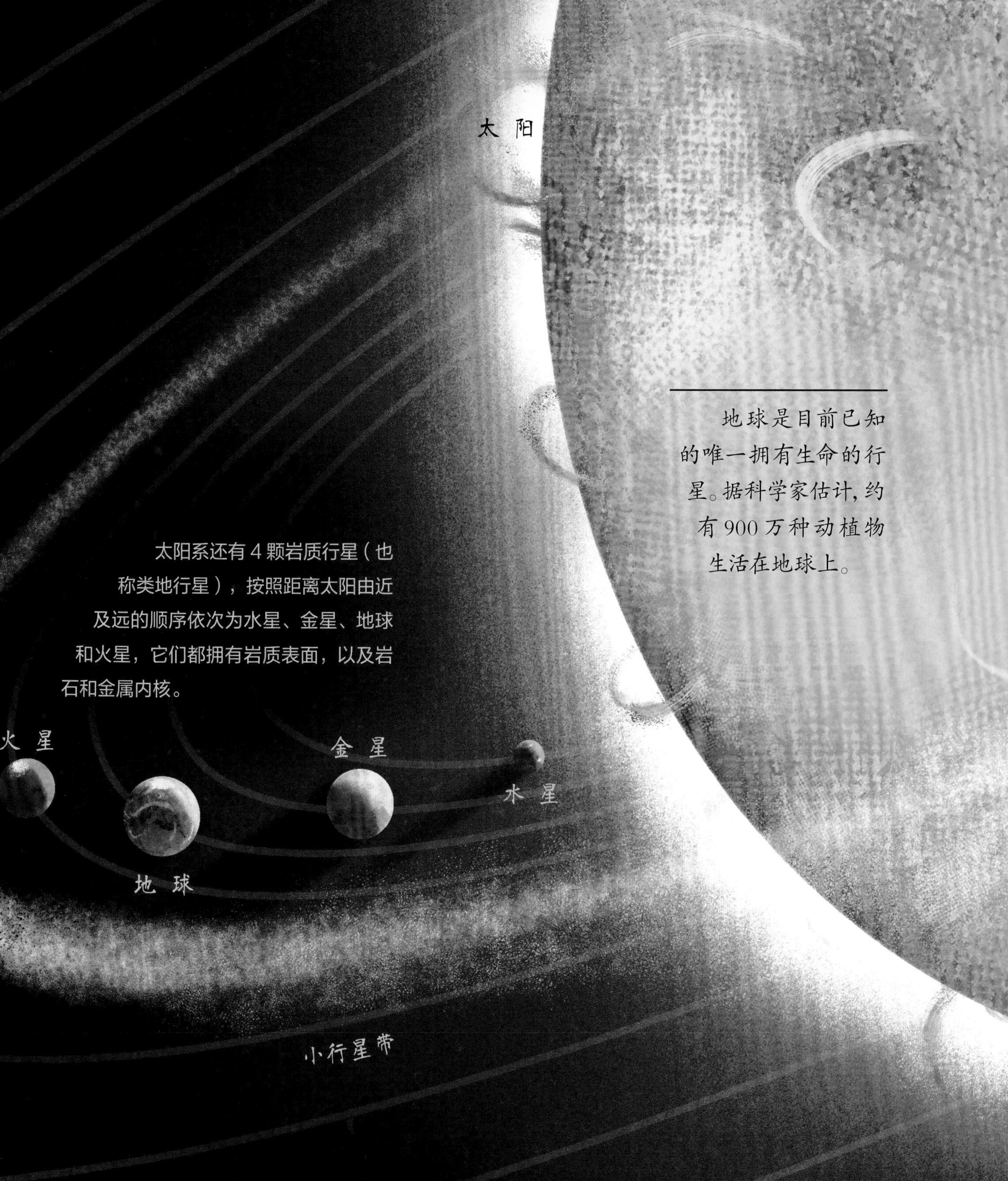

太阳系还有 4 颗岩质行星（也称类地行星），按照距离太阳由近及远的顺序依次为水星、金星、地球和火星，它们都拥有岩质表面，以及岩石和金属内核。

在木星和火星之间被称为小行星带的区域，有数十亿颗小行星在围绕太阳运动。其中直径大于 1 千米的小行星超过 100 万颗。如果把小行星带中的物质全部聚集起来，大概与月球大小相当。

天文学家已经发现 5000 多颗围绕其他恒星运动的行星，它们被称为系外行星。有些系外行星是气态的，有些上面正有火山喷发，还有些有着与地球相似的体积和温度。在这些系外行星表面，甚至有可能存在液态水。

探索月球

月球的相位

新月

让我们从月相变化周期的起点开始观测。新月就是月球朝向地球的全部区域都是黑暗的，此时在地球上我们看不见月球。

上蛾眉月

上蛾眉月的英文是“waxing crescent”，其中“waxing”是逐渐增加的意思。我们看到月球朝向地球的一面，每晚被照亮的面积越来越大。夜空中出现的是逐渐增大的蛾眉月。

上弦月

新月之后大约一个星期，就迎来了上弦月。此时处于整个月相变化周期的$\frac{1}{4}$处，从地球上看到的月面有一半是被照亮的。

盈凸月

此时我们看到月面的一多半区域都被照亮了。

夜空里能看到的最明显的变化就是月球呈现的不同样子。每个月，月球都经历一整个相位变化的周期。我们从地球上看到月球被照亮部分的多寡，是不同月相形成的原因。

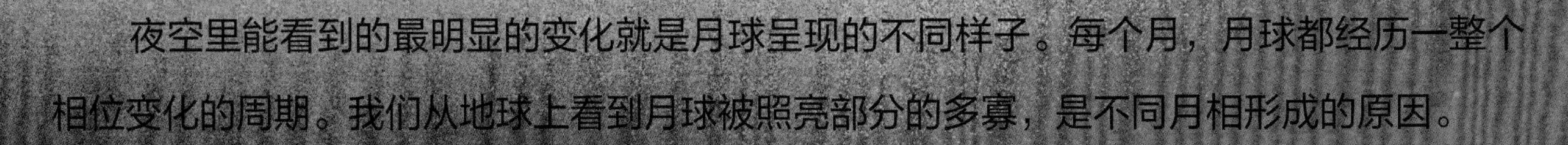

天文学家小课堂

与太阳不同，月球自己不会发光。当看月球时，我们看到的是月球表面反射的太阳光。随着月球围绕地球运动，被太阳光照亮的月球面积并不相同。这使得我们在地球上看到的月球形状好像发生了变化，但实际变化的只是我们的视角。

在地球南半球看到的月相与在北半球看到的是上下颠倒的。

满月

大约在新月后两周，月球最亮最闪耀，朝向地球的一面全部被照亮。

亏凸月

亏凸月的英文是“waning gibbous moon”,其中“waning”意为逐渐减少。满月后，每晚可见的月球被照亮的区域逐渐减少。亏凸月时，我们能够看到一多半的月面。

下弦月

与上弦月一样，下弦月时，朝向地球的月面再一次有一半被照亮。此时处于整个月相变化周期的$\frac{3}{4}$处。

下蛾眉月

与上蛾眉月一样，此时的月球又呈现为细细窄窄的月牙形状，月球被照亮的部分再次变得很少。

地球

月球的运动

最终，大约在新月之后的 29.5 天，我们又看到同样的月相——看不见的新月。随着月球继续围绕地球开始新一周的运动，月相变化也进入下一个周期。

月球表面

用双筒望远镜或者小口径望远镜观测月球表面，你可以在月球表面找到很多令人着迷的地貌特征，例如崎岖的山脉、古老的火山熔岩平原，还有深不可测的环形山。

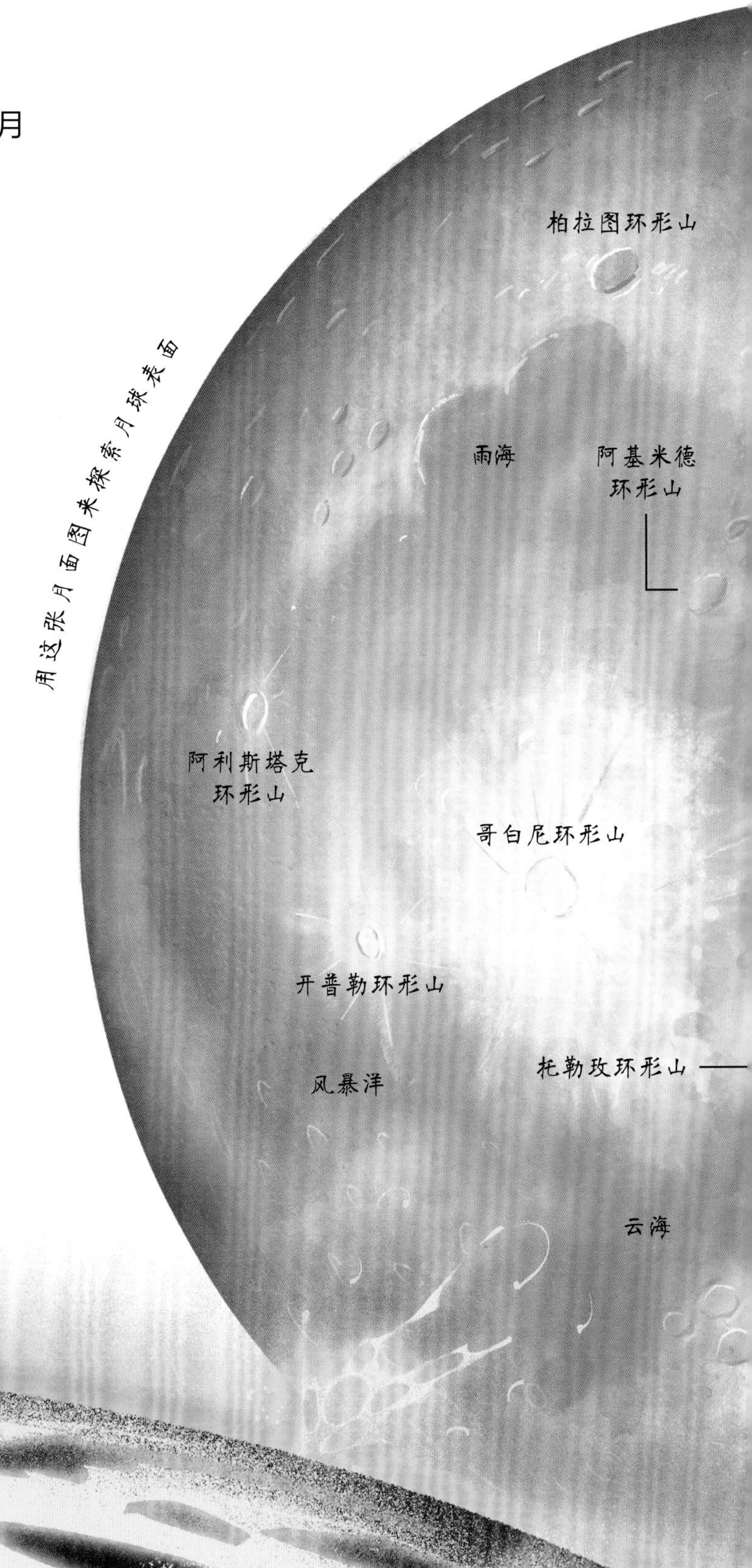

月海

你看到的月面上暗黑的区域被称为月海（在拉丁语中意为“海洋”）。月海并非真正由水形成的海洋，而是古人想象的月面上与地球海洋形似的月貌。

天文学家小课堂

月海其实是覆盖着黑色古老火山熔岩的平原，30 多亿年前就已经形成了。当时，炽热的岩浆流到月面广袤的盆地里，将盆地填平并逐渐冷却下来。

环形山

利用这张月面图，以及双筒望远镜或者小口径望远镜，试着在月面上找到这些令人难忘的环形山。第谷环形山是这张月面图中最深的一个环形山，深度达到 5 千米。

观测环形山的最佳时机是月面被照亮的部分少于一半的时候。尤其在上蛾眉月或下蛾眉月时，沿着月面被照亮和未被照亮的分界线观测。这条分界线被称为明暗界线。在望远镜中，你能够看到靠近明暗界线的美丽环形山以及它们投下的壮丽阴影。

明暗界线

波希多尼环形山

澄海

金牛山脉

危海

米尼劳斯环形山

普利纽斯环形山

曼尼留斯环形山

静海

西奥菲勒斯环形山

巴塔尼环形山

酒海

西里尔环形山

阿方索环形山

凯瑟琳环形山

阿尔扎赫尔环形山

第谷环形山

月球上最大的“海”的直径几乎是地球内核的 2 倍。

天文学家小课堂

月球上的环形山是由太空中的小天体撞击月面形成的。高速的撞击产生大量能量，在月球表面形成碗状结构。大多数的撞击发生在大约 38 亿年前，那时行星刚刚形成，大量的岩块自由地飘荡在太空中。

月球着陆点

你是否想象过，站在月球上是一种怎样的感受，又会看到怎样的情形？在1969年7月至1972年12月，宇航员先后完成了6次阿波罗登月任务。

通过在月面图上辨识出阿波罗登月任务的着陆点，你也可以跟宇航员一样探索月球。在满月或者接近满月时，你就可以尝试完成这项探索。借助口径大于10厘米的望远镜观测月面，能够让你看到更多细节，当然直接肉眼观测也没问题。

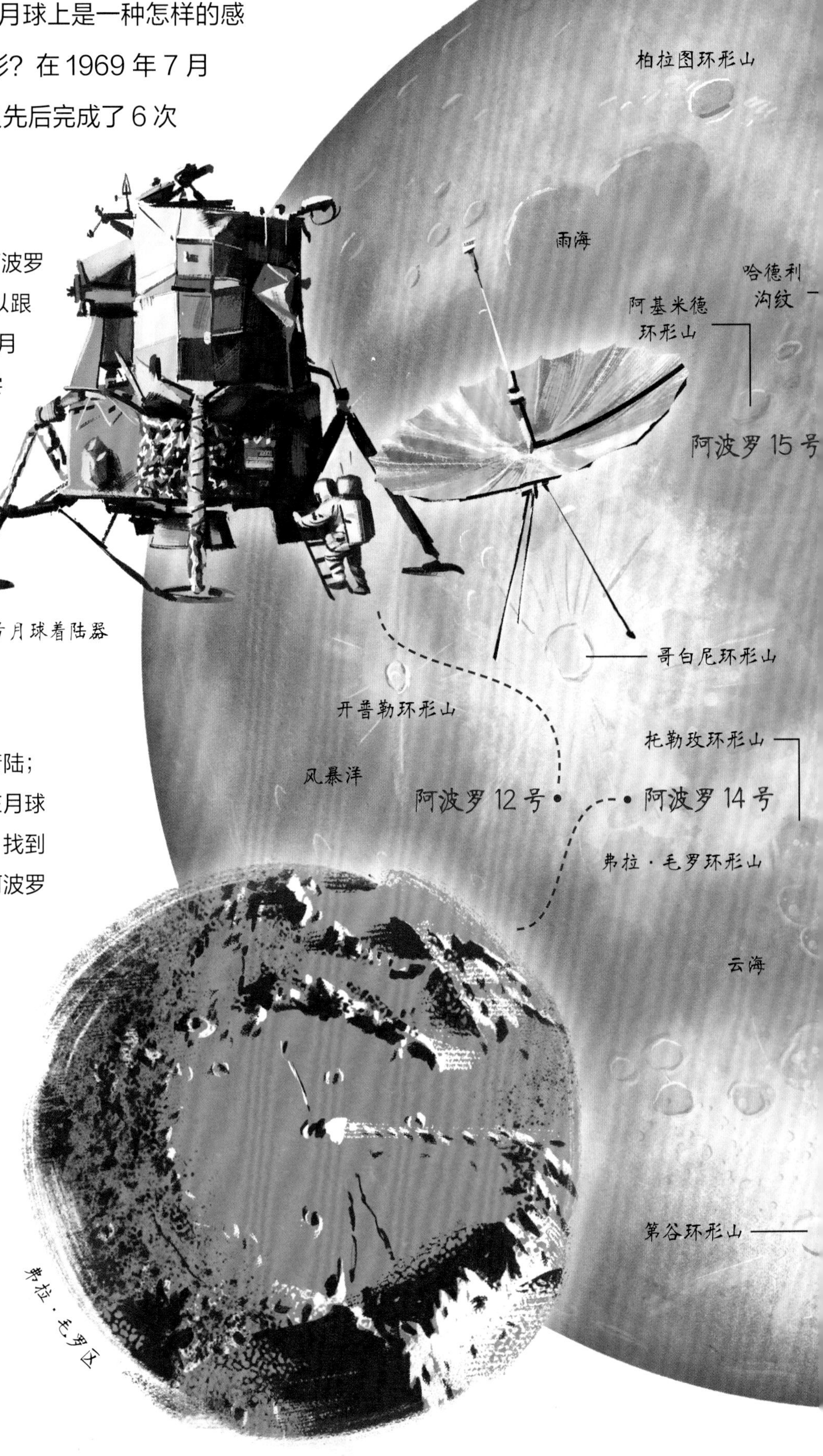

阿波罗12号月球着陆器

阿波罗12号

于1969年11月19日着陆；皮特·康拉德和艾伦·比恩在月球上行走。着陆点位于风暴洋。找到哥白尼环形山，就可以找到阿波罗12号的着陆点。

阿波罗14号

于1971年2月5日着陆；艾伦·谢泼德和埃德加·米切尔在月球上留下足迹。探测器在弗拉·毛罗环形山处着陆。找到托勒玫环形山，就能够找到阿波罗14号的着陆点。

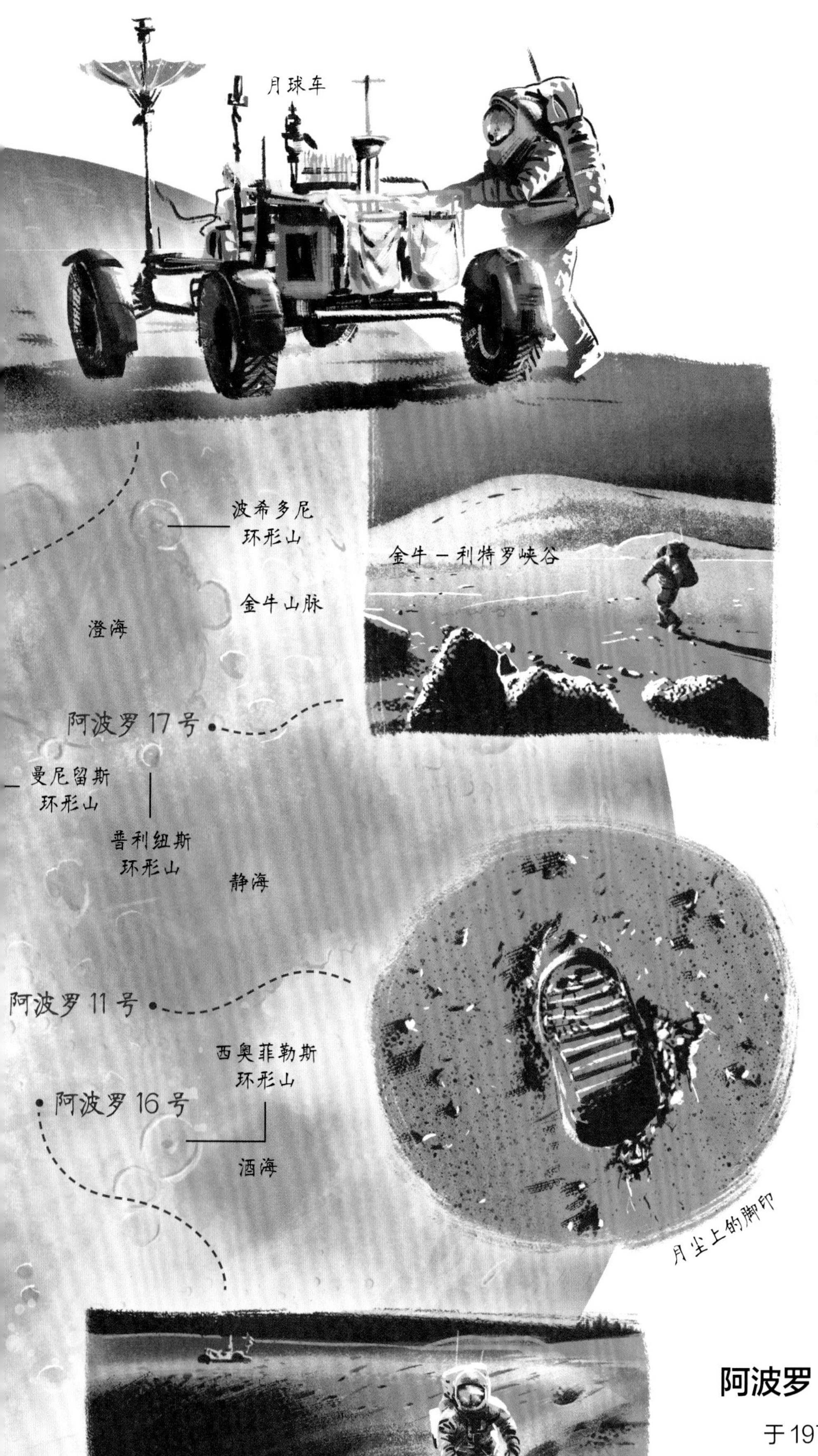

阿波罗 15 号

于1971年7月30日着陆;大卫 · 斯科特和詹姆斯 · 艾尔文踏上月球。他们在哈德利沟纹处着陆。这是阿波罗探月任务中第一次使用月球车来横穿月面。找到阿基米德环形山，就能找到阿波罗 15 号的着陆点。

阿波罗 17 号

于 1972 年 12 月 11 日 着陆；尤金 · 塞尔南和哈里森 · 施密特成功登月，并在金牛－利特罗峡谷进行探索。找到波希多尼环形山，就能找到阿波罗 17 号的着陆点。

阿波罗 11 号

于1969年7月20日着陆;尼尔 · 阿姆斯特朗和巴兹 · 奥尔德林成为最先登陆月球的两位地球人。着陆点位于静海。西奥菲勒斯环形山可以帮你找到他们在月球表面站立的位置。

阿波罗 16 号

于 1972 年 4 月 21 日着陆；约翰 · 杨和查尔斯 · 杜克登陆月球。这是人类第一次在月面上的高地着陆，着陆点位于笛卡儿高地。仍然可以通过西奥菲勒斯环形山，找到阿波罗 16 号的着陆点。

太阳

月食

月食是天空中最容易观测的天文现象。你所需要的是清朗的夜空和你的双眼。满月时，若太阳、地球和月球排列成一条直线，就会发生月食。根据月球进入地球阴影部分的比例，我们能够看到以下 3 种月食中的一种。

月偏食

一部分（并非全部）月球进入地球投下的最暗黑的阴影——本影时，夜空中就会出现月偏食。月偏食时，满月会有一部分明显变暗，很容易被观测到。

半影月食

当月球只是进入地球较暗弱的阴影里时，夜空中就会出现半影月食。这是肉眼最难观测到的一种月食。

月全食

如果整个月球都进入地球最暗黑的本影，夜空中就会出现月全食。月全食时间就是月球完全位于地球本影的时间，最长可达 2 小时。大约每 3 年就会发生 2 次月全食。月全食也称血月，因为有时全食的月球呈美丽的红棕色或橙红色。

天文学家小课堂

彩色月全食形成的原因跟太阳光穿过地球大气层的路径有关。当太阳光到达地球大气层时，较短波长的蓝光被向外散射，较长波长的红光则折射到地球的阴影区域。月全食发生时，这些红光到达月球表面，月球反射红光，我们就会看到血红色的月球。这与日出和日落时我们能看到红色的天空，是一个道理。

天文加油站

月球的起源和月貌特征

月球形成的时间大致与地球相同，大约是 45 亿年前。天文学家认为，曾有一颗火星大小的岩质星体撞击了地球，猛烈的撞击将大量物质抛入太空。

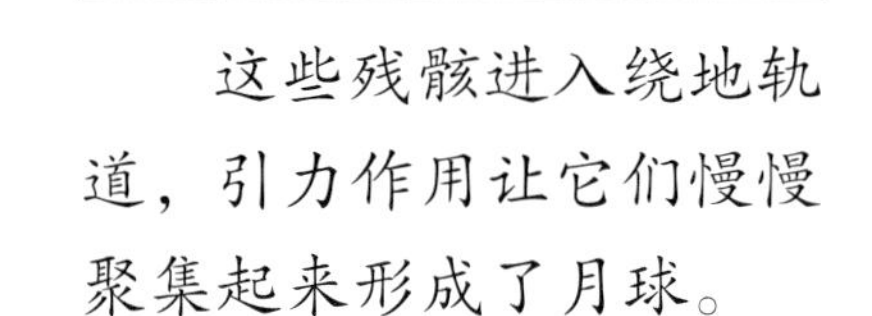

这些残骸进入绕地轨道，引力作用让它们慢慢聚集起来形成了月球。

在40亿至30亿年前，月球被数量众多的太空岩石撞击，撞击产生的热量熔化了月面以下的岩石。这些炽热的岩浆流入月球表面的盆地和环形山，形成平原。

在月球生命最初的6亿年里，大量的彗星和小行星撞击着月球表面，形成众多环形山。因为月球没有浓密的大气，也就没有风雨的侵蚀，月球上的环形山就不会像地球上的一样在几十亿年时间里消失殆尽，所以今天我们仍能看到月球上有很多环形山。

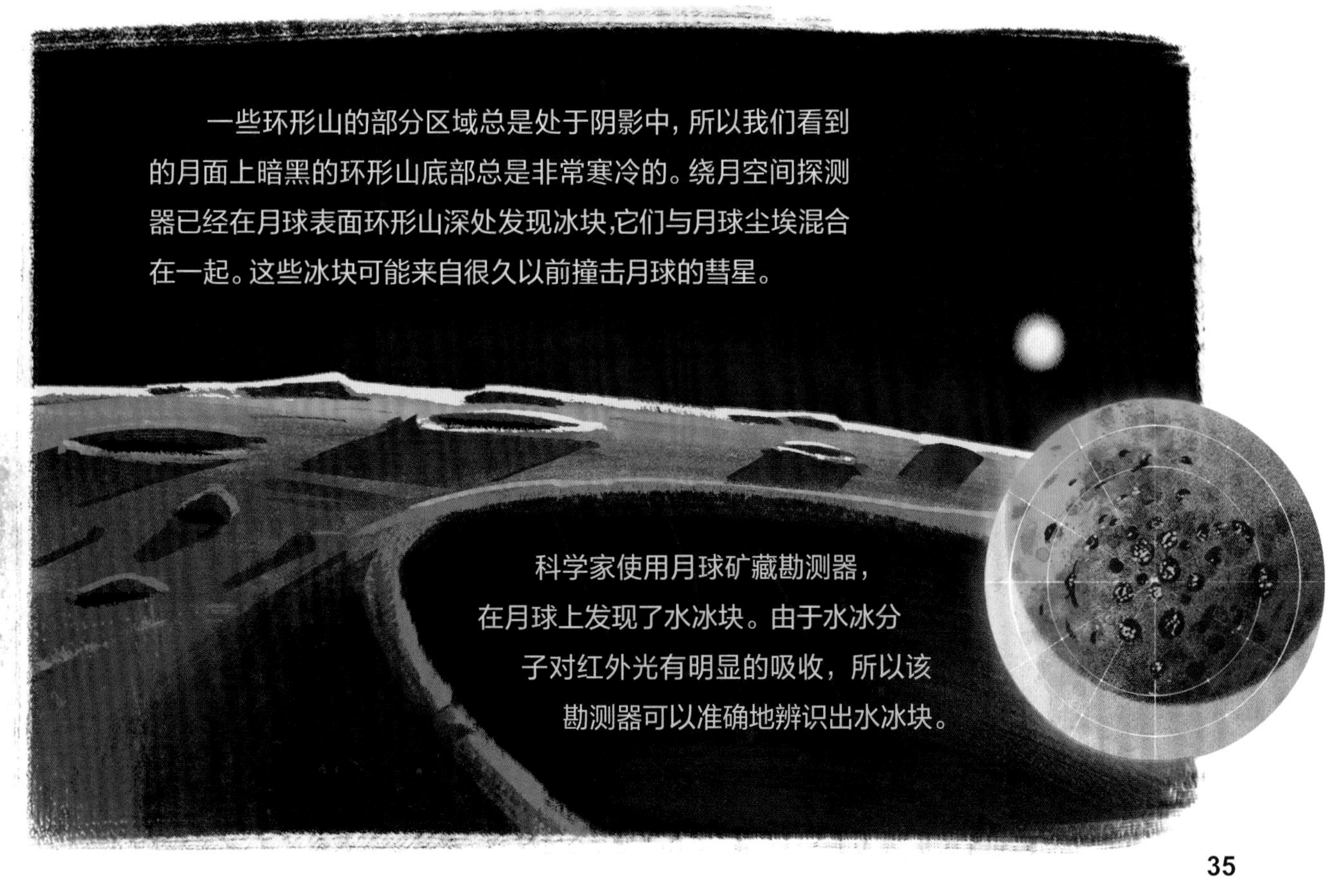

一些环形山的部分区域总是处于阴影中，所以我们看到的月面上暗黑的环形山底部总是非常寒冷的。绕月空间探测器已经在月球表面环形山深处发现冰块，它们与月球尘埃混合在一起。这些冰块可能来自很久以前撞击月球的彗星。

科学家使用月球矿藏勘测器，在月球上发现了水冰块。由于水冰分子对红外光有明显的吸收，所以该勘测器可以准确地辨识出水冰块。

探索岩质残骸 流星雨

在一年中的特定时间，夜空会上演“烟火秀”——流星雨。你无须借助任何设备，就可以欣赏这场激动人心的表演！在有成年人陪伴的前提下，尽最大可能避开光污染，到黑暗的地点观测。你需要做的是，平躺下来或坐在可以后仰的椅子上凝视清朗的夜空。一定要有耐心，做好在室外待上几小时的准备。

斯威夫特－塔特尔遗迹场

英仙座流星雨

英仙座流星雨是在南北半球都能观赏到的亮丽的流星雨。每年的7月17日至8月24日，就能够看到这场看起来源自英仙座的壮观流星雨。在英仙座流星雨的峰值期（通常在8月12至13日），每小时至多能看到80颗流星还有可能遇到意外之喜看见一些火流星，它们是带着长尾巴的极其明亮的流星。

这里是在南北半球都可以欣赏到的几个壮观的流星雨。

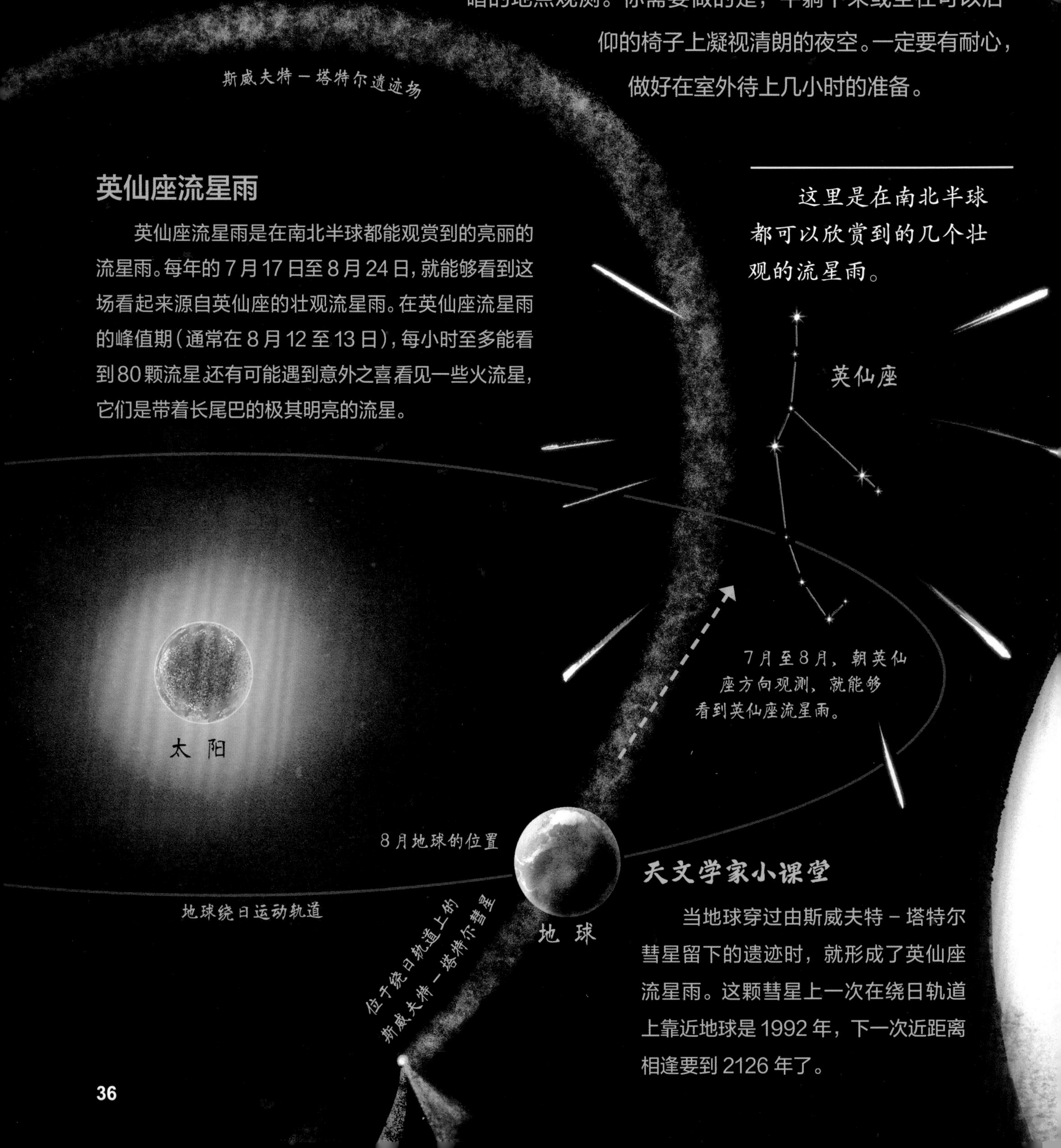

英仙座

7月至8月，朝英仙座方向观测，就能够看到英仙座流星雨。

太阳

8月地球的位置

地球绕日运动轨道

位于绕日轨道上的斯威夫特－塔特尔彗星

地球

天文学家小课堂

当地球穿过由斯威夫特－塔特尔彗星留下的遗迹时，就形成了英仙座流星雨。这颗彗星上一次在绕日轨道上靠近地球是1992年，下一次近距离相逢要到2126年了。

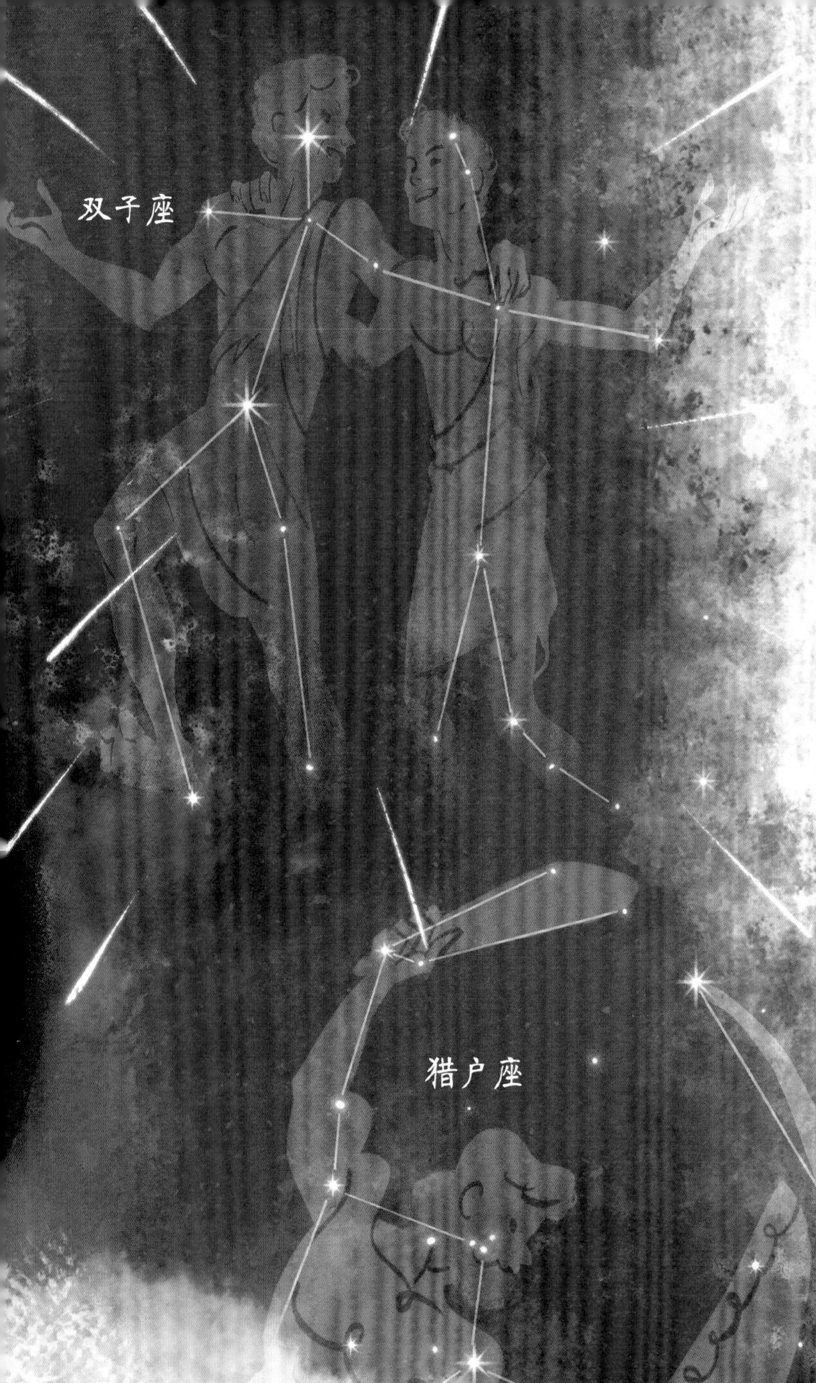

双子座流星雨

每年 12 月 4 日至 17 日之间发生的双子座流星雨通常是全年最值得期待的夜空奇观。流星雨是以其辐射点（看起来流星都是从天空中某个点发出的）所在星座来命名的。顾名思义，双子座流星雨就是流星看起来都从双子座发出。在双子座流星雨峰值期间，每小时你能够看到 100 多颗明亮的彩色流星。

天文学家小课堂

一些微小的尘埃从外层空间进入地球大气层时会燃烧，这时我们就能看到流星雨。这些尘埃是途经的彗星或小行星留在太空的残迹。双子座流星雨也是这样形成的：一颗名为法厄同 3200 的小行星在身后留下一片尘埃云，当地球穿过时，在地球上的我们就能看到双子座流星雨。

金牛座流星雨

金牛座流星雨就是看起来从金牛座发出的流星雨，它的持续时间长达近 3 个月。在每年 9 月 10 日至 11 月 20 日的南半球，或在每年 10 月 20 日至 12 月 10 日的北半球，每小时至多有 10 颗流星会划过夜空。金牛座流星雨的流星速度要比其他流星慢，但由于其流星体是由体积更大的粒子构成的，因此在夜空中划过时就像一个真正的大火球。

天文学家小课堂

天文学家认为：金牛座流星雨的持续时间之所以这么长，是因为早在几万年前，一颗体积超大的彗星在绕日轨道上解体了，地球穿过彗星残骸留下的宽阔遗迹，需要大约 3 个月。

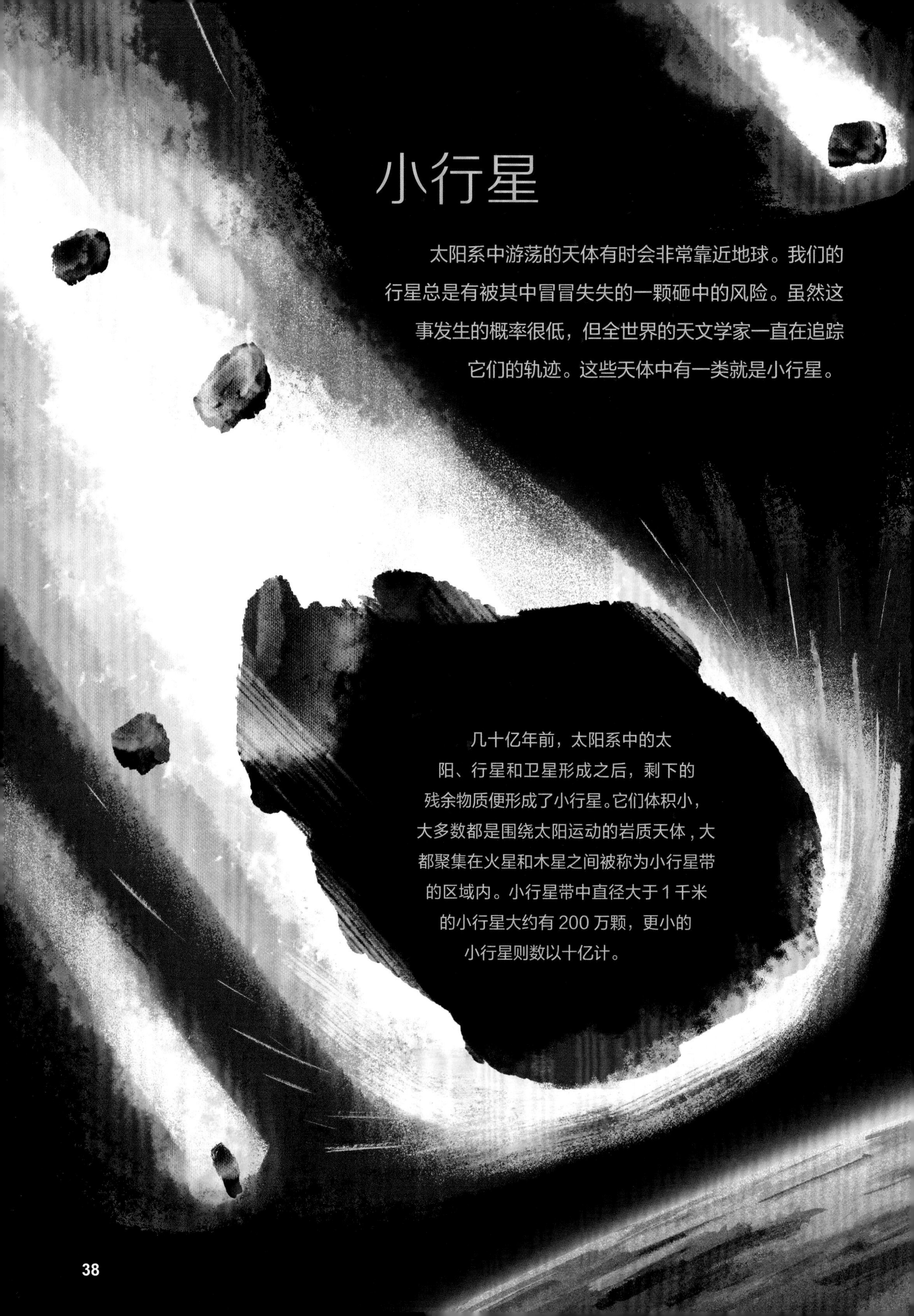

小行星

太阳系中游荡的天体有时会非常靠近地球。我们的行星总是有被其中冒冒失失的一颗砸中的风险。虽然这事发生的概率很低，但全世界的天文学家一直在追踪它们的轨迹。这些天体中有一类就是小行星。

几十亿年前，太阳系中的太阳、行星和卫星形成之后，剩下的残余物质便形成了小行星。它们体积小，大多数都是围绕太阳运动的岩质天体，大都聚集在火星和木星之间被称为小行星带的区域内。小行星带中直径大于 1 千米的小行星大约有 200 万颗，更小的小行星则数以十亿计。

为了更好地理解小行星是如何聚集在一起的，很多空间探测任务都拍摄了它们的图像。甚至有些探测器还在小行星上着陆。2018 年 7 月，日本的隼鸟 2 号太空飞船携带的 3 个探测器在小行星龙宫着陆。

2020 年 10 月，美国国家航空航天局（NASA）的奥西里斯王号小行星探测器在小行星贝努着陆，并采集物质。小行星贝努距地球约 3.2 亿千米，探测器从小行星贝努返回地球要花费两年半的时间。

隼鸟 2 号在龙宫小行星表面采集的样品，由科学家在地球上的实验室进行研究。

有时碰撞会让一颗小行星逃离小行星带，进入更广阔的太阳系空间。

全世界的天文学家使用一组功能强大的望远镜，监测那些可能会飘荡到地球附近而给地球造成危险的小行星。如果一颗直径千米量级的天体砸中地球，将造成整座城市的毁灭，同时引发巨大的海啸。

天文学家若能够提前几十年发现这些有可能撞击地球的小行星，并确定其轨道，那么就有足够的时间研究出摧毁小行星或者改变小行星运动轨道的办法，使其远离地球。

彗星

明亮的彗星是夜空中极美的景象。一颗真正的大彗星拖着壮观耀眼的彗尾横跨整个夜空，是非常罕见又无法忘怀的奇美景致。

彗星是小个头儿的岩质天体，直径只有几千米。它们由岩石、尘埃和气体组成；你可以把彗星想象为巨大的脏雪球！它们在环绕太阳的长长的椭圆形轨道上运动，只有靠近太阳时才会形成彗尾。

离子彗尾

太阳风将彗星彗发中的电子和气体原子吹出，形成离子彗尾。

尘埃彗尾

由细小的粒子构成，通常看起来是蓬松弯曲的。

天文学家研究彗星，是因为它们能够告诉我们很多有关形成行星和卫星的原初物质的细节。彗星和小行星还可能为地球带来了大部分的水。

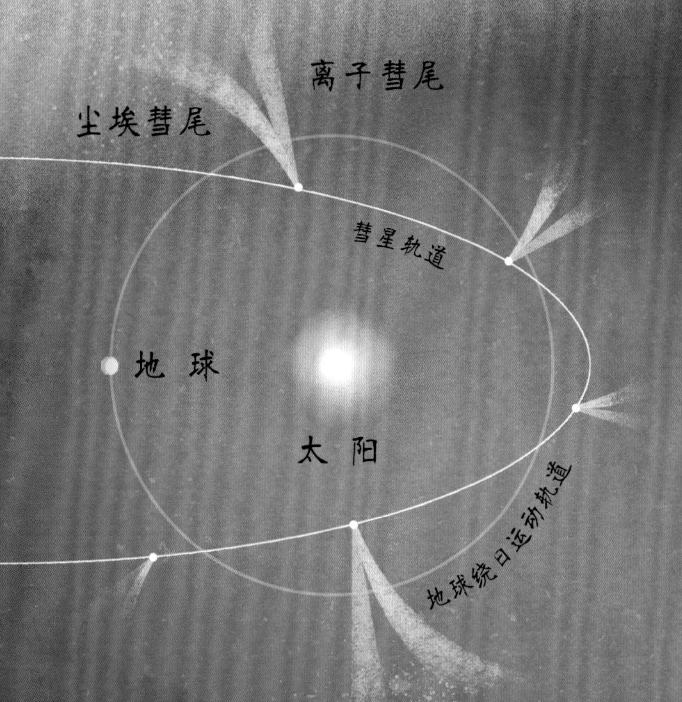

天文学家小课堂

当一颗彗星接近太阳时，恒星发出的能量使得彗星上的冰迅速升温并升华。被加热的彗星开始喷发气体和尘埃，形成彗尾！

同时，太阳会发出稳定的粒子流，称为太阳风。太阳风吹着彗星，这就是彗星的尾巴总是背离太阳的原因。

天文学家不确定下一次有大彗星光临夜空是什么时候。在过去的 50 年里，每 5 到 10 年就会出现一颗特别明亮的彗星。当一颗彗星真的现身时，它不会像流星那样在夜空中一闪而过。由于彗星通常远在几百万千米处，它们会在几周的时间里，每晚都出现在夜空。

冰和岩石

彗核

彗星的固态核，直径通常只有 1 至 20 千米。

彗发

彗核周围的气体云，成分主要是氢；彗发的直径可超过 100 万千米。

彗星轨道方向

彗 核

2020 年 7 月，观测者有幸欣赏到 21 世纪在北半球能够肉眼看到的第一颗明亮的彗星。彗星被命名为新智彗星（Comet NEOWISE），因为它由 NASA 的近地广域红外巡天探测器（Near-Earth Object Wide-field Infrared Survey Explorer，简称 NEOWISE）首先发现。

新智彗星进入内太阳系后形成了漂亮的彗尾，这颗彗星的独特之处在于它的绕日轨道非常长。在 2020 年之前，上一次在地球上看到它的人们生活于公元前 3000 年！

天文加油站 彗星起源

太阳系内的彗星来自两片巨大的区域，分别称为柯伊伯带和奥尔特云。内太阳系包括太阳、水星、金星、地球和火星，直到位于火星和木星之间的小行星带。小行星带外侧的部分称为外太阳系。所有这一切都位于硕大无比的奥尔特云中间。

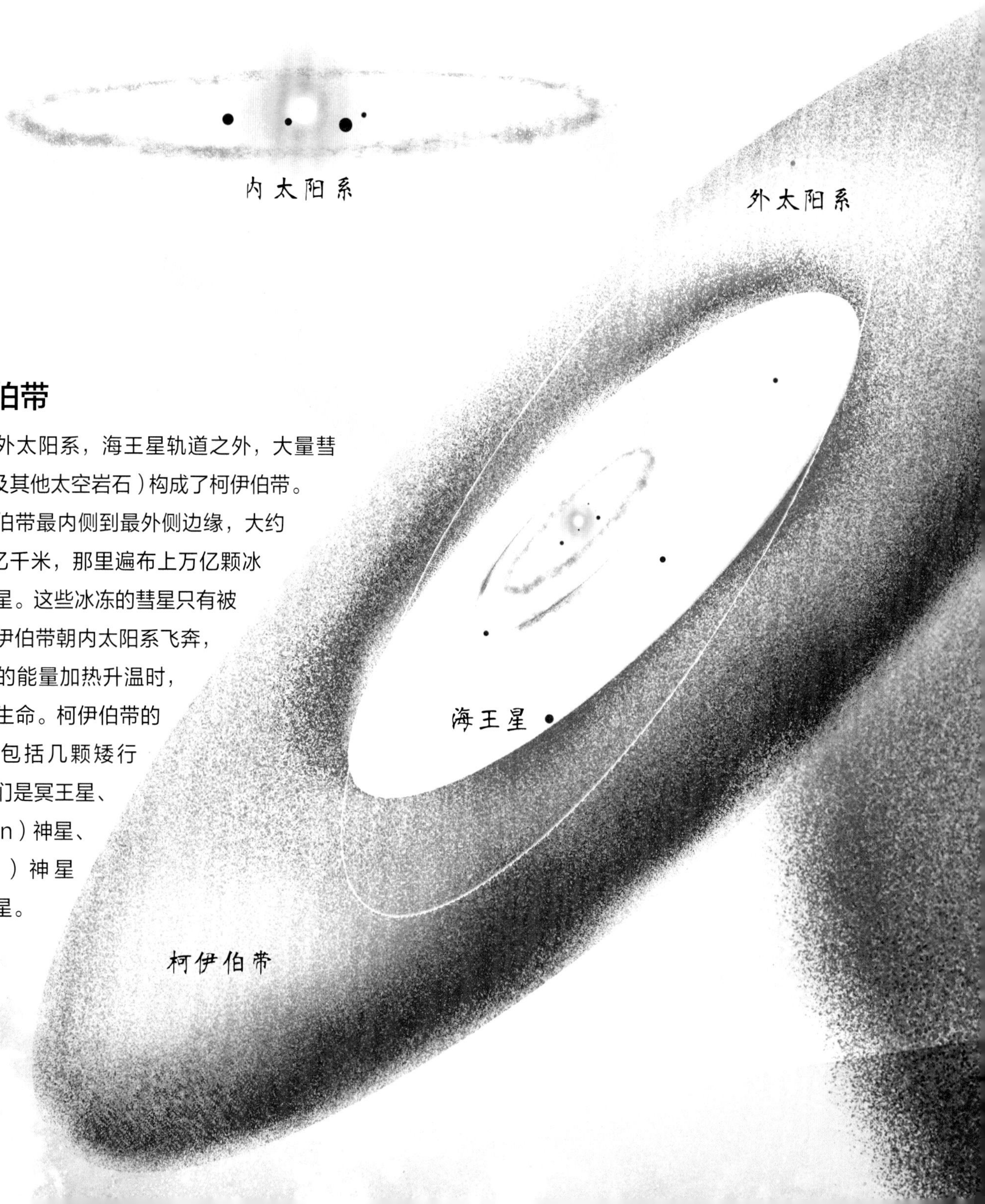

内太阳系

外太阳系

柯伊伯带

在外太阳系，海王星轨道之外，大量彗星（以及其他太空岩石）构成了柯伊伯带。从柯伊伯带最内侧到最外侧边缘，大约是30亿千米，那里遍布上万亿颗冰冻的彗星。这些冰冻的彗星只有被踢出柯伊伯带朝内太阳系飞奔，被太阳的能量加热升温时，才获得生命。柯伊伯带的成员还包括几颗矮行星，它们是冥王星、妊（rèn）神星、阋（xì）神星和鸟神星。

海王星

柯伊伯带

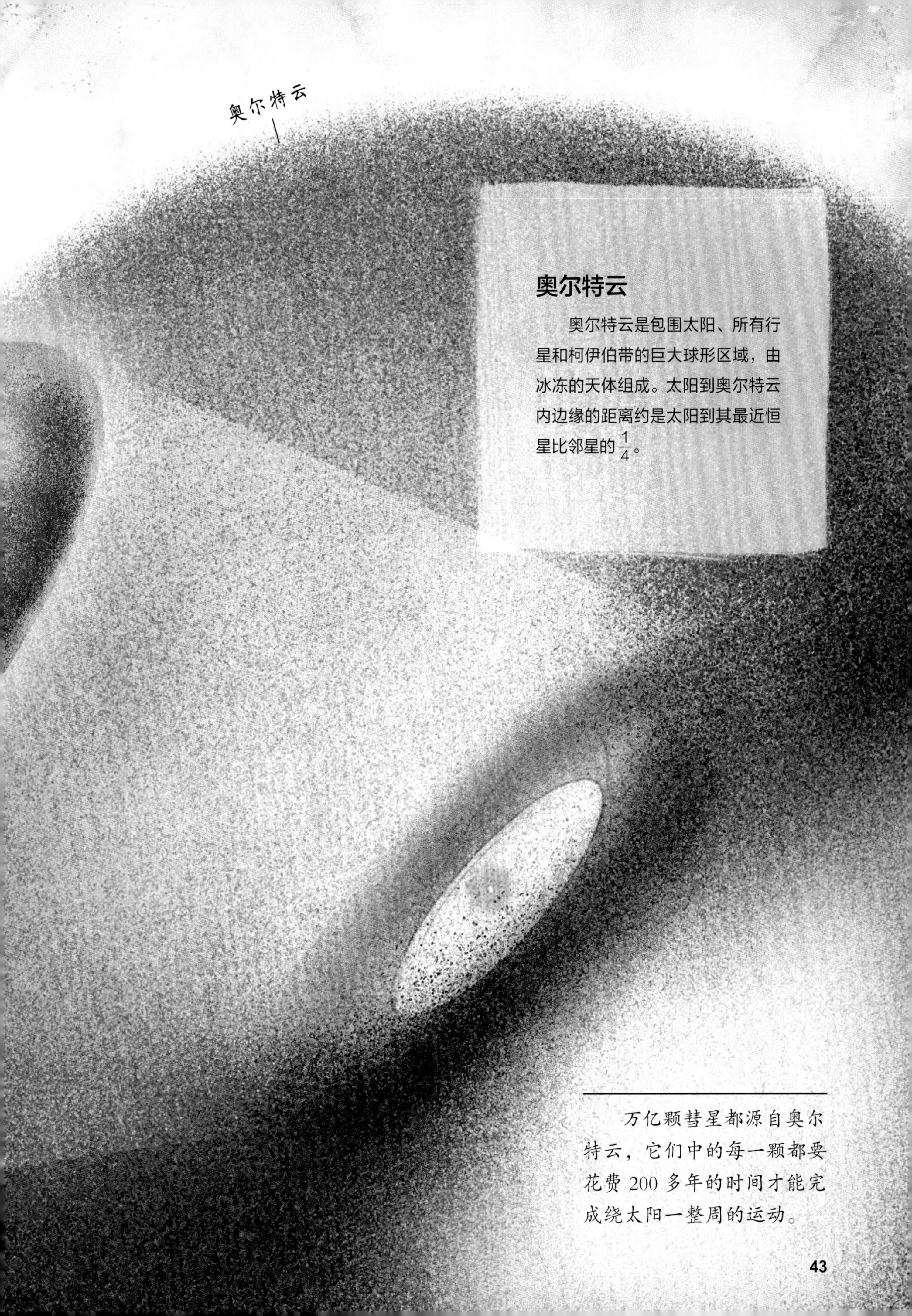

奥尔特云

奥尔特云

奥尔特云是包围太阳、所有行星和柯伊伯带的巨大球形区域，由冰冻的天体组成。太阳到奥尔特云内边缘的距离约是太阳到其最近恒星比邻星的$\frac{1}{4}$。

万亿颗彗星都源自奥尔特云，它们中的每一颗都要花费 200 多年的时间才能完成绕太阳一整周的运动。

极光是大自然最壮观的“灯光秀”之一。

探索极光
南北极光

这些横跨夜空的蓝色、绿色和红色的条纹光带，若出现在北半球则称为北极光，若出现在南半球则称为南极光。夜空中的极光告诉我们，地球的大气层中正发生着某种电现象。

极光最理想的观测地是靠近地球南北两极的地方，例如冰岛、挪威、加拿大北部、美国的阿拉斯加、澳大利亚的塔斯马尼亚，以及新西兰。手机等电子设备上有专门的应用软件，会在有可能出现极光时发出提醒。

观测极光所需的只是你的耐心和热情，不需要任何专门的装备。选择一个暗黑的夜晚，远离城市耀眼的灯光，穿上保暖的衣服。让自己的眼睛适应黑夜，向地平线方向望去。

极光会有波纹，会摇摆，就好像夜空里轻轻吹荡的帘幕一样。极光有可能忽然消失，又转瞬重现。注意观察它们的颜色和形状会发生怎样的变化。记得用照相机拍下大量图像，如果运气够好的话，你很可能捕捉到一张经典的天文之作！

天文学家小课堂

当带电粒子（大部分来自太阳）在太空中旅行时，一些天体上就可能会有极光出现。若带电粒子撞击到地球的磁场，被地球的大气捕获拖曳，那么地球上就会有极光出现。

地球并非唯一有极光出现的天体。土星的两极也有绚丽的极光，但仅凭肉眼看不到它们，因为土星的极光是在紫外波段发光。

天文加油站
日地关系

太阳和地球之间是如何相互联系的呢？极光能给出最好的答案。太阳不间断地向四面八方发射出带电粒子（大多数是电子和质子）。这些带电粒子到达地球时被导流至地球两极，我们便能看到它们是如何与地球大气分子发生相互作用，形成彩色极光的。

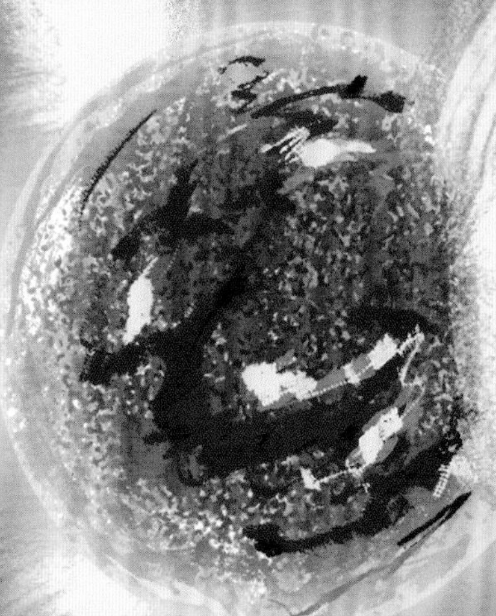

有时太阳会变得非常活跃，抛射出大量的物质和能量。这种突然的爆发有些被称为太阳耀斑。最猛烈的太阳耀斑爆发时，能将大量超高温的气体抛入太空。单次大规模的太阳耀斑所释放的能量比地球上的火山爆发所释放的高几百万倍。

在太阳活动极端活跃时，太阳还会吹出硕大的炽热气体泡泡，这个过程被称为日冕物质抛射。这些令人惊叹的带电气体云可延展至 1000 万千米，在太空中移动的速度达到几百万千米每小时。日冕物质抛射只需要 2 到 3 天就能从太阳表面到达地球，在我们头顶引发猛烈的带电风暴。

太阳耀斑爆发和日冕物质抛射时发出的高能带电粒子，对地球有多方面的影响。科学家利用空间望远镜来监测太阳物质喷发。你可以把它理解为监测空间天气。

强烈的太阳风暴袭击地球，意味着大量的带电物质将要被倾倒在我们的大气层。这是观测最壮观的美丽多彩的极光的超级理想时刻。

探索人造奇观

寻找人造卫星

夜空观测的另一类有趣目标不是大自然的杰作，而是人类的作品：人造卫星。它们的尺寸千差万别，最小的观测卫星比西瓜还小，巨大的国际空间站则可以让 6 位宇航员以其为家。

只需要你的双眼和手边的应用软件，你就能很容易地捕捉到划过夜空的亮闪闪的人造卫星。

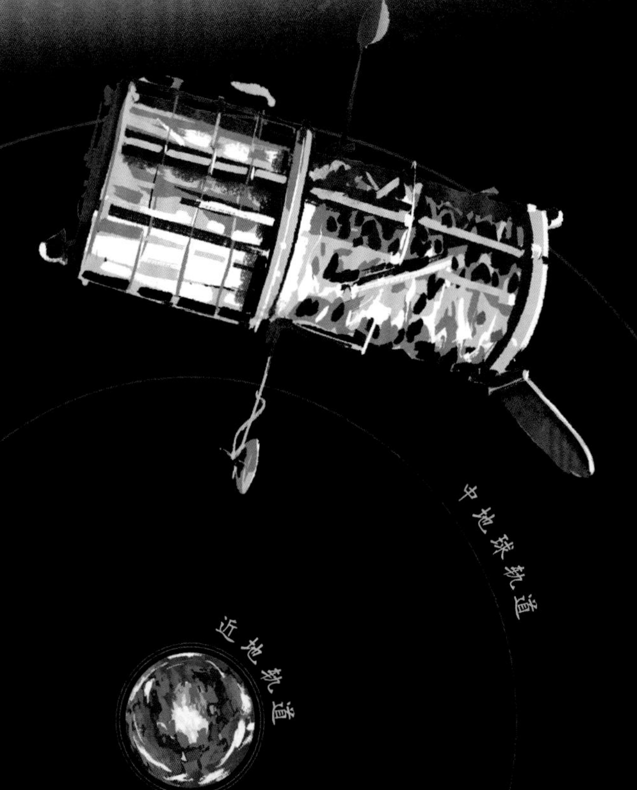

黄昏和黎明是观测人造卫星的最佳时机。人造卫星本身不发光，我们能看到它们，是因为人造卫星会反射太阳光。手机的应用软件能够告诉你应该在何时朝何处看，看到的可能是最明亮的人造卫星。

太空是很拥挤的。目前有超过 2000 颗仍在工作的人造卫星聚集在绕地球运动的轨道上。

其中超过一半的人造卫星是近地轨道卫星。意味着这些人造卫星在地球上空很低的位置运行，通常距离地表 160 至 2000 千米。在这样的高度，它们绕地球运动一周只需要 90 到 130 分钟。

人造卫星看起来是像恒星一样的点光源，并且与流星的飞速划过不同，人造卫星要花上几分钟的时间才能从地平线的一端运动到另一端，大多数运动方向是从西至东。

国际空间站是目前围绕地球运动的最大也是最明亮的人造天体。它大概有一个足球场那么大，轨道高度约 400 千米，绕地运动速度约 27700 千米 / 时，一个昼夜就能绕地球整整 16 圈。

国际空间站绝对是值得期待的夜空奇景！你可以打开手机应用程序查一查，在你所待的位置，什么时间可以看到国际空间站。

若想体会国际空间站轨道运行速度，可以想象一下每秒钟行驶 8 千米的情景！风驰电掣！

夜空里飞机与人造卫星的重要区别是，人造卫星没有一闪一闪的亮光。

天文加油站
太空垃圾

糟糕的是，我们的垃圾不仅在地球上堆积如山。自1957 年，第一颗人造卫星斯普特尼克 1 号发射开启了太空时代，环绕地球的轨道上也堆积了越来越多的垃圾，它们被称为“太空垃圾”。人类至今已经发射升空了5000 多颗人造卫星和宇宙飞船。不幸的是，随着人类太空探索的成功，大量的人造物质以垃圾的形式留在了太空里。

太空垃圾包括老旧或废弃的人造卫星、火箭抛下的级舱，以及更小的物体（如螺母、螺丝、工具和喷漆碎片）。科学家使用望远镜和雷达来监测太空垃圾，他们估计在绕地轨道上直径大于 10 厘米的太空垃圾大约有 23000 件。即使是最小的太空垃圾，如果撞击到正在工作的人造卫星，也会造成重大损害，因为太空垃圾的速度比子弹快多了！对于在国际空间站内和周围工作的宇航员来说，太空垃圾也是很危险的。

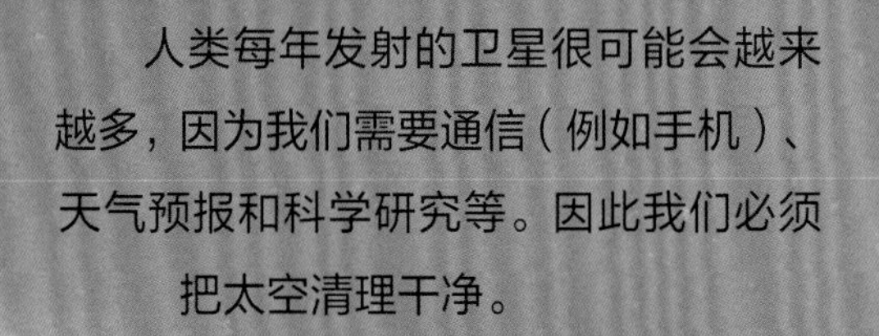

人类每年发射的卫星很可能会越来越多，因为我们需要通信（例如手机）、天气预报和科学研究等。因此我们必须把太空清理干净。

创新性清理技术

科学家已经开始构想减少或彻底清理太空垃圾的办法。其中一个想法是使用太空电鞭，把人造天体的残骸驱离原来的轨道，让它们落入地球大气层燃烧殆尽；另一个想法是用太空飞船发射巨大的捕网，把大个头儿的太空垃圾都收入囊中。也许有一天我们甚至能够想出办法，把太空垃圾回收至地球再利用。

老旧的人造卫星

太空清扫机可以源自不同的设计理念，包括用绳网捕获太空垃圾，为老旧的人造卫星重新注入燃料让它们延长服役期限，或者采用机械臂抓捕老旧的人造卫星，把它们拖到更安全的地方。

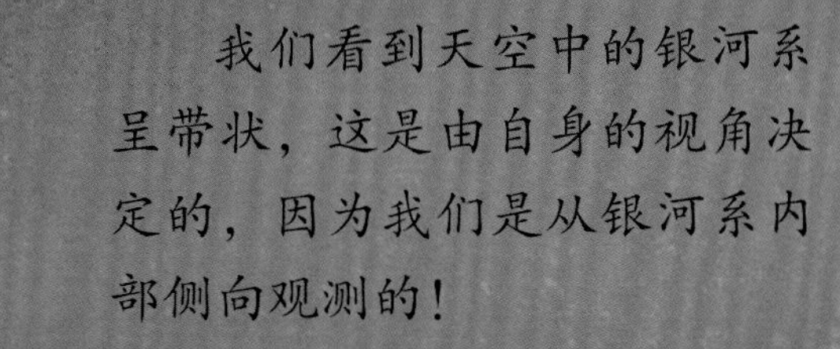

我们看到天空中的银河系呈带状，这是由自身的视角决定的，因为我们是从银河系内部侧向观测的！

探索星系

银河系

夜空中一道壮美的景观就是横跨天空的银河系。实际上我们就居住在这个名为银河系的旋涡星系内。银河系大致呈扁平的盘状，我们的太阳系位于距离银河系中心约$\frac{2}{3}$半径处。

银河系光带非常暗弱，要想获得最佳的观测体验，你就必须远离城市明亮的灯光，还要选择一个清朗无云的暗夜，最好是新月之夜，因为这样就没有光干扰你了。当然，还要让眼睛逐渐适应黑暗，大概 30 分钟后，你便能以最好的状态看到银河了。

南半球是欣赏银河及其明亮中心的最佳所在，银河的中心在人马座方向。在南半球的 4 月和 5 月，日出前几小时都能够看到银河高高地挂在夜空；到了 7 月和 8 月，午夜前后银河就高悬天际；到了 9 月，日落后很快就能看到银河。

在北半球观赏银河的最佳时间是八九月，但由于北半球的夏夜只能维持短短几小时真正的黑暗，所以看到的银河远没有在南半球看到的那么清晰。你所在的地方越靠北，当你向南方看时，看到的银河光带就越低，越贴近地平线。

天文加油站
我们的家园银河系

太阳和我们在夜空里能够看到的所有恒星都属于银河系。它是个延展的旋涡星系，有 2000 亿到 4000 亿颗恒星，还有大量的气体和尘埃。银河系的全部物质都靠引力作用聚集在一起。

我们在这里

银河系拥有从中心处伸展出的旋臂结构。我们的太阳系就位于其中一条旋臂上，距离银河系中心大约 26000 光年。在这个距离处，太阳（以及太阳系）围绕银河系中心运动的速度为 830000 千米 / 时，绕银河系中心一周大约需要 2.3 亿年。

侧向视角

如果把太阳想象成一粒沙子，那么地球就是更细小的尘埃，距离沙子大小的太阳只有 1 厘米的距离。在这样的假想比例中，整个银河系可以容纳至少 2000 亿颗太阳那样的沙子，延展的直径大约有 80000 千米！

核球

银河系的中心部分是个圆形膨胀的球。把银河系想象成两个背靠背贴在一起的煎蛋：黄色的蛋黄是中心部分的核球，扁平的蛋白则是银河系的盘，盘上有旋臂。

太阳
核 球
暗晕
超大质量黑洞

暗晕

我们的银河系被一个巨大的球形区域所包围，称为暗晕。暗晕中有超过 150 个密集的星群，称为球状星团，每一个球状星团都有几百万颗年老的成员恒星。天文学家还在暗晕中发现了大量奇怪的物质，他们称其为暗物质。

中心巨兽

天文学家在银河系最中心处发现了一个超大质量黑洞。这个巨大的黑洞位于人马座方向，质量大约为 400 万个太阳质量。

当寻找其他星系时，你可以依靠熟悉的星座定位寻找。

大麦哲伦云

大麦哲伦云位于剑鱼座和山案座之间，看起来就是一团暗弱模糊的斑块。在一年中的每一个清朗的夜晚，站在南半球几乎任何地方，你整夜都能看到它。

小麦哲伦云

小麦哲伦云位于大麦哲伦云的南边。相比起来，它更小更暗。先找到波江座的亮星水委一。将手臂伸直，两拳相叠，保持这个距离对着水委一的下方，你就能接近小麦哲伦云在天空的位置。

仙女星系和麦哲伦云

在我们的银河系之外有很多很多星系，但宇宙实在是太大了，以至于大多数星系都远在至少几百万光年以外，极其暗弱，只有用功能强大的大口径望远镜才能看到它们。

仙女星系

仙女星系距离我们大约 250 万光年，是个美丽的旋涡星系。也就是说从仙女星系发出的光，要花 250 万年才能到达地球，所以我们今天看到的仙女星系是它 250 万年前的样子！

在北半球，先找到 W 形的仙后座。从右下方的亮星出发，你就能找到仙女星系：一团模糊暗弱的光斑。用双筒望远镜或者其他望远镜，你能分辨出仙女星系明亮的核球和椭圆形状。

然而在我们的近邻，有 3 个星系刚刚能被肉眼看到。你所需要的仍然是黑暗的地点、清朗无月的夜晚。

如果你住在南半球或者造访那里，你可以在夜空中找寻两个彼此靠近的星系，分别是大麦哲伦云和小麦哲伦云。在北半球，仙后座附近的旋涡形光斑就是仙女星系。

天文加油站
星系知多少

天文学家估计宇宙中的星系总数可能多达 2 万亿。每一个星系都是由引力束缚在一起的恒星、行星、气体和尘埃所构成的庞然大物。星系的形状和大小各不相同，成员星数目少于 10 亿的星系一般被归为小星系，而最大的星系则拥有几万亿颗成员恒星！

星系主要分为 3 个类型，分别是旋涡星系、椭圆星系和不规则星系。

旋涡星系

我们的银河系就是一个旋涡星系。旋涡星系看起来就像是壮观的大风车，由一个又平又扁的星系盘和中心的大核球构成。星系盘上有几条旋臂，旋臂中点缀着明亮的恒星、行星、气体和尘埃。星系盘外环绕着巨大的暗晕，那里不仅有最年老的恒星，还有被称为暗物质的神秘物质。

不规则星系

顾名思义，不规则星系没有规则的形状。这种星系中含有大量的气体和尘埃，新恒星持续不断地从那里诞生。大麦哲伦云和小麦哲伦云就是两个不规则星系。左图是星暴星系 M82，它也是不规则星系。

椭圆星系

椭圆星系的形状好像毛茸茸的橄榄球。在这类星系中，恒星大都是老年恒星，所剩的气体和尘埃也寥寥无几。宇宙中已知最大的星系都是椭圆星系，其中一些的直径能达到 600 万光年。

有些能量超大的星系被称为类星体，它们发出的光比银河系明亮 10 万倍。

活 动 日地月太阳系仪

通过本次活动，你能制作出一个简单的硬纸板模型，来演示地球如何围绕太阳运动，月球又是如何围绕地球运动的。用这个太阳系仪，你可以更好地了解 3 个天体的空间位置，模拟不同月相的形成，还能演示月食和日食。

所需材料：

白纸板
剪刀
3 个金属卡扣
圆规
彩笔

步骤：

1. 用圆规在纸板上画 3 个圆。直径 18 厘米的圆代表太阳，直径 9 厘米的代表地球，直径 3 厘米的代表月球。（注意，这并不是三者的真实比例，实际上太阳的直径约是地球的 109 倍。）

2. 将 3 个圆形剪下，用彩笔涂色：黄色代表太阳，蓝色和绿色分别代表地球的海洋和大陆，灰色代表月球。

3. 从硬纸板上剪下两条纸带，每条宽度为 2 厘米。一条长度为 22 厘米，另一条长度为 9 厘米。

4. 将长纸带的一端用 1 个金属卡扣与“太阳”的中心连接起来，在“太阳”背面扣紧卡扣。

5. 将短纸带的一端用第二个金属卡扣与“月球”的中心连接起来，在“月球”背面扣紧卡扣。

6. 将短纸带的另一端用第三个金属卡扣与“地球”的中心连接起来，但暂时不要扣紧它。

7. 将长纸带的另一端用第 6 步中的金属卡扣与“地球”背面中心连接起来，再用这个金属卡扣把两条纸带都扣紧。

在月球上制造环形山

月球以及很多岩质行星的表面都散布着环形山，直径小的只有几米，大的则达到几百千米。通过这个有趣的活动，你能够发现不同的环形山是如何形成的，天体表面的土壤又是如何被“挖”出来的。

所需材料：

白面粉
巧克力粉
不同大小的玻璃球
一个大浅盆（金属或硬纸板材质）

步骤：

1. 将白面粉倒入盆中，面粉厚度约 2 厘米。轻轻地将巧克力粉撒在面粉表面，覆盖住全部面粉。巧克力粉和白面粉分别代表月球表层和深层土壤。

2. 建造月球表面模型。一次性地把不同大小的玻璃球投到盆里。要垂直投放玻璃球，而不是把它们随便扔到盆里。玻璃球代表撞击月球的小行星和彗星等小天体。

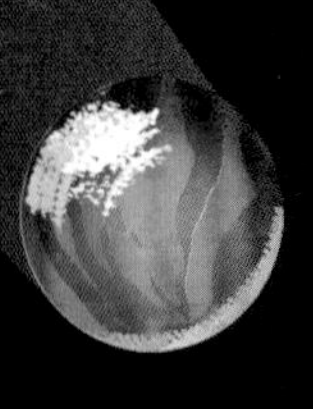

3. 注意观察玻璃球在盆里是如何造成“环形山”的。月球深层的土壤（白面粉）被砸出带到表面。由此推测，月球上最大最深的环形山也是暴露月球地壳最深处的地方。

4. 从同一高度处，往盆里垂直丢大小不同的玻璃球，探索小天体的大小对环形山形成的影响。

5. 从不同高度处，将同样大小的玻璃球垂直投入盆中。从最高处落下的玻璃球在到达浅盆表面时运动速度也更快。这些玻璃球会造成更大的“环形山”，因为它们拥有更多能量。

6. 试着从某个角度而不是垂直投下玻璃球，看看撞击造成的凹陷形状以及面粉溅出的方式会发生什么样的变化。

你一定不会相信，当玻璃球撞击你的“月壤”时，形成的“环形山”简直跟实际的一模一样！

词汇表

白矮星：演化到末期的恒星留下的非常小但仍然炽热发光的致密星。

超新星：当恒星核燃料最终耗尽时，会以超新星的形式爆发，产生无法想象的能量。

磁场：运动电荷或磁体的周围区域，对其他磁体、电荷和物体会产生推力或拉力。

电子：构成原子的粒子之一，带负电。

光年：天体距离的一种长度单位。1光年等于光在真空中沿直线行经1年的距离。

轨道：空间中一个天体围绕另一个天体运动的路径，例如行星围绕恒星的运动。

国际空间站：由国际合作建造的轨道空间站。用于开展空间科学实验和空间探测活动，开发空间资源和开展长期对地观测。

氦：一种非常轻的物质，在除最低温度外的其他环境里都是气态。

红超巨星：濒死的超大恒星。

红巨星：年老的恒星，表面温度较低，因此发出红光。

环形山：天体地壳中的碗形坑洞，通常由来自太空的撞击造成。

彗星：由岩石、尘埃和冰构成的小天体，绕太阳运动。

极光：太阳发出的粒子撞击地球上层大气，产生的摇曳生姿的光带，也称为北极光或南极光。

流星：一小块岩石或金属从太空进入地球大气层，在空中燃烧形成的明亮轨迹。

明暗界线：月球上被太阳照亮部分和黑暗部分的分界线。

日食：站在地球上看天空，当月球正好从太阳前面经过时，月球遮挡了太阳光，因此月球的阴影就会投在地球上。

太阳风：从太阳上层大气发出的等离子体带电粒子流。

太阳系仪：太阳系机械模型，能够表现行星以正确的相对速度围绕太阳运动。

天文学家：研究恒星、行星和其他太空自然天体的科学家。

系外行星：太阳系外围绕其他恒星运动的行星。

小行星：绕太阳运动的小块岩质天体，大多位于火星与木星轨道之间的小行星带。

星系：大量恒星、气体、尘埃和暗物质被引力束缚在一起形成的天体系统。

星云：宇宙中的一团气体尘埃云。

星座：为了识别星空，按恒星在天球上的排列图像，将星空划分的区域。

耀斑：太阳物质能量的突然爆发。

引力：自然界已知的四种基本力之一，牛顿力学认为引力的大小与物体的质量和物体间的距离有关。

月食：当地球位于太阳和月球之间，月球运行经过地球的影子，就会发生月食。

质量：物体所含物质多少的量度。在引力场中，质量越大的物体所受的重力越大。

质子：构成原子核的粒子之一，带正电。

中子星：死亡的恒星，因引力太强使其质子和电子都被挤在一处全变成中子。

索 引

Y

Z